高等教育"十三五"规划教材

建筑信息模型（BIM）技术与应用

主　编　刘智敏
副主编　邱灿盛　　罗　　玮
　　　　俞俊雯　　唐　　俊
主　审　蔡小培

北京交通大学出版社
·北京·

内 容 简 介

本书共分为 7 章，包括：绪论，Revit 基础知识和项目创建，房屋建筑及结构建模实例，桥梁、隧道和钢结构建模实例，智能化建模的概念与应用，BIM 模型的扩展应用，BIM 技术在施工过程管理平台的应用。

本书可作为高等学校土木工程及相关专业的教学用书，也可用作 BIM 技术专业技能的培训、继续教育的教材或土建设计及工程技术人员的参考书。

图书在版编目（CIP）数据

建筑信息模型（BIM）技术与应用 / 刘智敏主编. —北京：北京交通大学出版社，2020.4
ISBN 978−7−5121−4186−5

Ⅰ. ① 建… Ⅱ. ① 刘… Ⅲ. ① 建筑设计–计算机辅助设计–应用软件
Ⅳ. ① TU201.4

中国版本图书馆 CIP 数据核字（2020）第 045959 号

建筑信息模型（BIM）技术与应用
JIANZHU XINXI MOXING (BIM) JISHU YU YINGYONG

责任编辑：吴嫦娥
出版发行：北京交通大学出版社　　　　　电话：010−51686414　　http://www.bjtup.com.cn
地　　址：北京市海淀区高梁桥斜街 44 号　邮编：100044
印　刷　者：三河市华骏印务包装有限公司
经　　销：全国新华书店
开　　本：185 mm×260 mm　　印张：14.75　　字数：378 千字
版 印 次：2020 年 4 月第 1 版　　2020 年 4 月第 1 次印刷
定　　价：39.00 元

本书如有质量问题，请向北京交通大学出版社质监组反映。对您的意见和批评，我们表示欢迎和感谢。
投诉电话：010-51686043，51686008；传真：010-62225406；E-mail：press@bjtu.edu.cn。

前　言

建筑信息模型（building information modeling，BIM）技术，是以建筑工程项目的各项相关信息数据为基础，通过建筑模型建立、数字仿真来模拟建筑物的真实信息的一整套关键技术，以形成建筑物方案规划、建筑施工、运维管理等诸多环节、全生命周期的信息化平台，实现建筑信息的全方位、多角度、直观化共享和应用。BIM 体现了建筑信息管理和应用的先进理念，它包含的信息具有信息完备性、关联性、一致性、协调性，以及可视化、模拟性、优化性和可出图性等八大主要特征。

以 BIM 技术为核心的智慧城市的发展也在逐步推进中，而为了推行多层次、大范围的信息化平台，就需要建立城市级别的 BIM 模型，甚至建立多省市的区域 BIM 模型，以形成城市信息模型（city information modeling，CIM）和信息化集成平台，实现从工程项目到城市或区域的全生命周期管理。因此，BIM 技术的应用与发展体现了多专业的技术融合，从业者不仅仅需要学习 BIM 的建模技术，还需要对 BIM 的理论、技术和全生命周期应用，要有充分的理解和把握。

BIM 作为当前土木工程信息化发展的一个重要技术方向，我国在政策层面非常重视，在《中华人民共和国国民经济和社会发展第十二个五年规划纲要》及 2011 年中华人民共和国住房和城乡建设部《关于印发〈2011—2015 年建筑业信息化发展纲要〉的通知》（建质〔2011〕67 号）中，都强调了将 BIM 技术作为信息化新技术，在"十二五"期间基本实现建筑企业信息系统的普及应用，以加快建筑信息模型（BIM）、基于网络的协同工作等新技术在工程中的应用，推动信息化标准建设，促进具有自主知识产权软件的产业化，形成一批在信息技术应用方面达到国际先进水平的建筑企业。

在《2016—2020 年建筑业信息化发展纲要》中确立了在"十三五"期间的总体目标，即全面提高建筑业信息化水平，着力增强 BIM、大数据、智能化、移动通信、云计算、物联网等信息技术集成应用能力，建筑业数字化、网络化、智能化取得突破性进展，初步建成一体化行业监管和服务平台，数据资源利用水平和信息服务能力明显提升，形成一批具有较强信息技术创新能力和信息化应用达到国际先进水平的建筑企业及具有关键自主知识产权的建筑业信息技术企业。

在这样的行业背景和应用需求条件下，建筑信息模型技术方面的人才需求旺盛，而高校在相关人才的培养上却相对滞后。为此，两会委员于 2018 年建议在高校土木专业增设"BIM技术"相关课程。可以预见在不久的未来，BIM 技术相关课程将成为土木工程专业学生重要的专业基础课程。目前，BIM 技术的相关课程正逐步纳入很多高校新的教学培养方案中，其中北京交通大学在 2020 年的培养方案中，已将"BIM 技术应用基础"确定为"大类及学科门类教育课程"的必修课。

然而，目前可适用于大学 BIM 技术教学的书籍很少，大多数 BIM 技术相关的书籍都侧重于软件操作层面，或者只是 BIM 技术等级考试的辅导材料，难以满足高校学生课程教学的需要。《建筑信息模型（BIM）技术与应用》的编写，正是为了适应当前信息化技术发展的需要，配合高校相关专业教学大纲的修订和课程建设而展开的。结合高等学校的课程设置情况，我们力求编写一本适合高等学校土木工程大类方向教学的适用教材，通过系统地介绍BIM技术的概念及应用方法，使学生了解BIM技术的产生背景及发展状况、BIM技术的核心价值、国内外的应用情况，掌握建模方法、建模软件平台及操作方法，BIM模型的高级应用等内容，通过学习具备一定的BIM技术基础应用能力。

作为土木工程专业的一门新兴信息化专业基础课程，建筑信息模型涉及信息化技术的发展和实践，技术性、专业性都很强。本书由BIM技术实践经验丰富的教师和企业联合编写，遵循由浅入深、循序渐进、理论结合实际的原则，充分体现教育教学的培养目标和理念，注重理论与实际的紧密联系，既有理论也有实操，还有大量详实的实际工程案例。考虑到BIM技术涵盖整个土木工程行业，体现BIM技术全生命周期的应用特点，教材编排上还充分考虑了房屋建筑、桥梁、地下工程、隧道等专业方向的教学和应用要求，如编排了混凝土结构和钢结构方面的建模案例，以体现建筑物的结构和材料方面的特点，方便相关专业学生的学习。

本书由刘智敏老师任主编，邱灿盛、罗玮、俞俊雯、唐俊任副主编，具体的分工如下：第1章，刘智敏、邱灿盛；第2章，俞俊雯；第3章，俞俊雯、林标锋；第4章，刘智敏、唐俊；第5章，邱灿盛、罗玮；第6章，俞俊雯；第7章，赖永刚、刘智敏、刘胜春、韩冰。

蔡小培教授作为本书的主审，提出了许多宝贵的意见，杨娜、孙静、姜兰潮和彭飞也为本书提供了大量工作支持，在此表示诚挚的谢意。

本书配有配套视频资料，仅供订购本书作为教材的教师使用，可发邮件至183681911@qq.com索取。鉴于作者水平有限，书中难免有错误及不妥之处，敬请读者批评指正。

编　者
2020 年 4 月

目　　录

第1章

绪　　论

1.1　BIM 技术的概念及国内外应用状况

1.1.1　BIM 技术的概念

BIM 技术即建筑信息模型技术，是 building information modeling 的英文缩写。BIM 技术是一种应用于工程设计、施工建造、管理运营的信息化技术，它将建筑物各种数据信息集成在一个三维模型中，使工程技术人员对各种建筑信息作出正确理解和高效应对，为设计施工和运营单位提供协同工作的基础，在提高生产效率、节约成本和缩短工程项目工期等方面发挥重要作用。

BIM 通过数字化技术，在计算机中建立虚拟的建筑信息模型，它是一个包含了逻辑相关性、结构化数据的建筑信息库。BIM 贯穿在建筑的整个生命周期中，使设计数据、建造信息和维护等大量信息保存在 BIM 中，在建筑整个生命周期中得以重复、便捷地使用。BIM 技术的核心是信息，而不仅仅是三维模型。

BIM 技术是一个集成了建筑物各种信息的三维模型，这些信息主要包括两类：① 建筑物自身尺寸、参数信息，如尺寸、位置、高度、空间关系等；② 建筑物在设计、建造、运维等阶段产生的各种过程数据信息，如造价、进度、材料信息等。这些信息在建筑物从概念设计到使用寿命结束后拆除的全生命周期不同阶段创建、输出、更新，为相应阶段的所有人员提供协同基础和决策依据，所以 BIM 技术是涵盖建筑物的方案、设计、施工、运营整个建筑的全生命周期的信息技术。

引用美国国家 BIM 标准对 BIM 的定义，该定义包含三部分。

（1）BIM 是一个设施（建设项目）物理和功能特性的数字表达。

（2）BIM 是一个共享的知识资源，是一个分享有关这个设施的信息，为该设施从概念到拆除的全生命周期中的所有决策提供可靠依据的过程。

（3）在设施的不同阶段，不同利益相关方通过在 BIM 中插入、提取、更新和修改信息，以支持和反映其各自职责的协同作业。

BIM 技术已在全球范围内得到业界的广泛认可，被认为是继计算机辅助制图（CAD）技术后的又一次革命性技术，在国内外被大力推广和广泛应用。近年来智慧城市、建造技术的快速发展，也为 BIM 技术起到了推动作用。BIM 技术可以提供智慧城市的底层基础数据。智慧建造可通过各种软硬件的发展技术，如 BIM 技术、物联网、GIS 等，进一步与工程项

1

目管理进行融合和交互，将建造过程中的各类信息与现场管理进行集成，结合大数据应用，提高建筑企业的科学分析和决策能力。最终，BIM 技术将推动建筑行业向更加自动化和智能化的方向发展。

1.1.2 国内外 BIM 应用现状

BIM 作为建筑物的数字化表达，是数字城市、智慧城市的基础数据来源。因此，目前各国政府都在大力推动 BIM 技术的应用，并且由于 BIM 技术自身的特点，可为工程项目参建单位创造可观的效益，包括开发商、设计院、施工企业、工程管理咨询公司等在内的建筑企业也已在积极引进和应用 BIM 技术。

1. BIM 技术在国外的应用现状

BIM 技术在国外起步较早，理论创新能力较强，配套的基础软件平台具有先发优势，且近些年处于稳步发展中：

（1）美国是最早开始使用 BIM 的国家之一。美国总务署（General Service Administration，GSA，负责美国所有联邦设施的建造和运营机构），早在 2003 年推出了全国 3D-4D-BIM 计划。从 2007 年起要求所有需要招标的大型项目都需要应用 BIM。所有 GSA 的项目都被鼓励采用 3D-4D-BIM 技术，并且根据采用这些技术的项目承包商的应用程度不同，给予不同程度的资金支持。

美国建筑师协会在 2008 年提出全面以 BIM 为主，整合各项作业流程，彻底改变传统建筑设计思维。目前，美国大多建筑项目已经开始应用 BIM，也出台了各种 BIM 标准。基于 BIM 技术的正向设计应用在美国设计院比较普遍。

（2）英国政府要求强制使用 BIM。英国建筑业 BIM 标准委员会在 2009 年 11 月发布了英国建筑业 BIM 标准（AEC（UK）BIM Standard），并于 2011 年 6 月、9 月分别发布了适用于 Revit、Bentley 的英国建筑业 BIM 标准。2011 年 5 月，英国内阁办公室发布了"政府建设战略（Government Construction Strategy）"文件，其中有关于建筑信息模型（BIM）的一整个章节，该章节明确要求，到 2016 年，政府要求全面实现 BIM 协同，全部文件以信息化方式管理。为了实现这一目标，文件制定了明确的阶段性目标。例如，2011 年 7 月发布 BIM 实施计划；2012 年 4 月，为政府项目设计一套强制性的 BIM 标准；2012 年夏季，BIM 中的设计、施工信息与运营阶段的资产管理信息实现结合。

英国有多所大学在研究 BIM 技术，开设了 BIM 相关课程，并设置一些 BIM 软件应用的课程。伦敦是众多全球领先设计企业的总部，对 BIM 技术热情同样较高。因此，英国的建筑企业与世界其他地方相比，BIM 的发展速度更快。

（3）新加坡积极推进 BIM 技术发展和应用。新加坡负责建筑业管理的国家机构是建筑管理署。2011 年，BCA 发布了新加坡 BIM 发展路线规划，规划明确提出整个建筑业在 2015 年前应广泛使用 BIM 技术。

新加坡是最早将 BIM 纳入法规要求的国家，在都市设计审议、建筑设计审查、结构设计审查、临时施工许可、消防安全、定期结构检查等诸多环节都要求有 BIM 技术的介入和应用。不仅政策法规方面有明确要求，在引导和鼓励 BIM 技术应用方面，新加坡也较为积极：为了鼓励早期的 BIM 应用者，甚至成立了 BIM 项目基金，用以补贴培训、软件、硬件及人工成本。

除美国、英国和新加坡外，其他一些北欧国家、日本及韩国都在 BIM 技术应用上积极探索，近些年来在应用深度和广度上都保持着相当快的发展速度。

2. BIM 技术在国内的应用现状

近年来 BIM 技术在国内建筑业已经形成一股热潮，住房和城乡建设部多次发文推进 BIM 技术应用，并逐步颁布了多项关于 BIM 技术的国家标准。

2011 年住房和城乡建设部在《2011—2015 年建筑业信息化发展纲要》中提到推进 BIM 技术应用。为落实该文件中 BIM 技术应用要求，在 2015 年 6 月住房和城乡建设部再次印发《关于推进建筑信息模型应用的指导意见》的文件，指定了 BIM 技术发展目标、工作重点和保障措施等。

全国各省市也陆续出台了相应政策文件，推进和支持 BIM 技术的发展与应用。

北京市于 2014 年 5 月，由北京质量技术监督局和北京市规划委员会发布了《民用建筑信息模型设计标准》。文件对 BIM 的资源要求、模型深度要求、交付要求作了明确规范，该标准于 2014 年 9 月 1 日正式实施。

上海自 2014 年开始，上海市政府、建筑施工及 BIM 相关管理部门先后发布包括《关于在本市推进建筑信息模型技术应用的指导意见》在内的多项 BIM 技术推进政策。2015 年，上海市建设和管理委员会发布了《上海市建筑信息模型技术应用指南》，以指南的形式对 BIM 技术应用提供了参考依据和指导标准。

其他省份，如广东、浙江、湖南等也都在 BIM 技术方面出台过相关政策文件。不仅政策层面大力引导，在产业层面，开发商、设计院、施工单位、咨询公司等都对 BIM 技术保持着敏锐的洞察力和应用热情。在上海中心、北京大兴国际机场、北京中信大厦（中国尊）等标志性项目中 BIM 都有着较为全面的应用，在国内众多大中型项目中，BIM 技术有了相当高的普及度。《中国商业地产 BIM 应用研究报告 2010》和《中国工程建设 BIM 应用研究报告 2011》两份研究报告显示，关于 BIM 的知晓程度从 2010 年的 60% 提升至 2011 年的 87%。2011 年，共有 39% 的单位表示已经使用了 BIM 相关软件。

香港、澳门、台湾等地也都有相关行业协会、高校、行业专家在推进 BIM 技术，目前也已有大量项目、企业和团队在应用 BIM 技术。

在《2016—2020 年建筑业信息化发展纲要》中，指出的明确目标是"十三五"时期，全面提高建筑业信息化水平，着力增强 BIM、大数据、智能化、移动通信、云计算、物联网等信息技术集成应用能力，建筑业数字化、网络化、智能化取得突破性进展，初步建成一体化行业监管和服务平台，数据资源利用水平和信息服务能力明显提升，形成一批具有较强信息技术创新能力和信息化应用达到国际先进水平的建筑企业及具有关键自主知识产权的建筑业信息技术企业。

国内 BIM 技术起步虽晚于国外，但近些年发展非常迅速，尤其是在应用层面由于存在大量的项目实践，甚至已经超过国外。但在基础软件、理论创新等方面仍然需要加大投入，同时在设计、施工、运维等多方面 BIM 技术应用的人才需求缺口巨大。

1.2 BIM 技术的特点和全生命周期应用的价值体现

1.2.1 BIM 技术的特点

BIM 技术具有可视化、协调性、模拟性、优化性、可出图性等特征。

1. 可视化

相比传统的二维图纸，BIM 技术具有"所见即所得"的可视化特点。

二维图纸通过线条表达建筑物，无法展示空间信息和空间关系，拿到图纸后需要有经验的工程师通过空间想象能力，在脑海中把二维信息转化成为三维模型；而 BIM 模型本身就提供了一个这样的三维模型，这个模型既可展示建筑物的外形、外观，还可以根据需要进入建筑物内部，以任何视角查看建筑物内部情况。

相比效果图或普通动画模型，BIM 模型由于包含了丰富的建筑物数据信息，其可视化是动态、可互动反馈的。例如，可以按照施工要求实现任意调整查看角度、自动设置查看路径等。

2. 协调性

建筑工程项目从设计开始到施工过程中的每一个环节，由于参与人员、团队和企业众多，多方协调的效率很大程度上影响着项目管理的效率。

基于传统的工作模式，多方协调往往不够及时，造成诸多效率损失。如设计过程中，结构设计和机电设计是分开进行的，由于两个团队无法做到实时协调，常见的情况是结构设计已经发现不合理，做过相应调整，但机电设计团队对此并不知情，基于错误的结构空间做了大量的无效工作。不仅如此，由于设计过程中多方协调不够，还会造成设计矛盾，在施工到相应的施工部位时才能发现，再做相应设计变更，既耽误了工期也造成了材料的浪费。施工过程中由于多方协调不到位造成类似现象也是工程中的一种常态。

BIM 技术由于具备结构化的数据信息，为更好地实现多方协调提供了基本条件。项目参建方和参与人员基于一个共同的 BIM 模型，通过实时数据交换可实现高效率的工作协调。BIM 技术的协调性让参建的多方分布式地创建数据，实时共享、获取数据，改变了传统的点对点的数据交换方式，大大提高了协同效率。

3. 模拟性

BIM 技术的可模拟特性，是指利用 BIM 技术中的数据信息和给定的外部条件参数信息模拟未实际发生的场景，可以在实施前模拟项目的整个建造过程，即虚拟建造。

BIM 技术的模拟性并不是只能模拟出建筑物的外观和外形，还能以数字化的方式模拟现实工程中的各种情形，以确保设计或施工的合理性。如在设计阶段，BIM 可进行节能模拟、紧急疏散模拟、日照模拟、热能传导模拟等。在施工阶段可模拟施工重点、难点部位的施工工序，避免发生不可控的施工风险和安全问题。在运维管理时，也可利用 BIM 技术模拟日常紧急情况的处理方式，如地震时人员逃生模拟及火灾时人员疏散模拟等。通过这些模拟往往可以帮助建筑物管理人员甚至城市管理人员用可预见的方式避免发生群体悲剧事件，其社会价值非常大。

4. 优化性

工程的整个设计、施工、运营是一个不断优化的过程，而优化工作必须基于上一步已有信息才可以进行，传统的工作方式对历史数据信息的存储和归纳无法为后续优化提供有效的支撑；而 BIM 模型提供了建筑物的实际存在的信息，包括几何信息、物理信息、规则信息等，还提供了建筑物变化以后的实际存在信息。这些数据通过结构化的存储，可为建筑物的不断优化和更新迭代提供历史计算依据。如设计过程中的能耗优化、施工过程中的工序优化等。

5. 可出图性

完成 BIM 模型后，可以基于 BIM 模型创建所需要的方案图、施工图，甚至预制构件的深化设计加工图等。取决于 BIM 模型的建模细度，通过 BIM 模型自动创建所需要的图纸。虽然目前还需要做大量的工作，但这是 BIM 应用的方向之一。基于 BIM 模型出图的设计模式叫作正向设计。其中，基于模型图纸的所有数据是关联一致的，如果有模型的修改，所有对应的图纸数据都会自动更新，实现唯一数据的管理模式，具有"一处更新，处处更新"的特点。避免了人为疏忽而导致图纸表达在不同图纸上的不一致问题。

1.2.2　BIM 在全生命周期应用的价值体现

BIM 技术通过一个承载建筑信息的模型，让建筑全生命周期的不同阶段可围绕同一个数据中心进行工作衔接，如图 1-1 所示。随着建筑生命周期的推进，数据流向下一个阶段，每个阶段向模型输入过程信息的同时也从模型中调用所需的信息。在这种过程中 BIM 模型逐步深化，直至完成一个可用于运营维护的、与真实建筑物一一对应的信息模型。

图 1-1　BIM 应用于建筑全生命周期示意图

在建筑全生命周期的不同阶段，BIM 技术都有其对应的应用价值。如规划阶段可用于建筑规划和场地分析；设计阶段实现参数化设计和性能分析；施工阶段利用 BIM 技术进行数字化建造、施工模拟及预算管理、智慧工地的运用；运营阶段实现资产及空间管理等。在规划、设计、施工和运营阶段，BIM 技术有其不同的应用侧重点，对应的应用价值如图 1-2 所示。

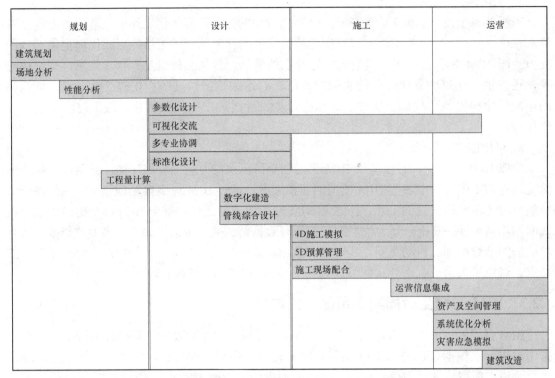

图1-2　BIM在建筑全生命周期的应用价值示意图

以下列举BIM技术在不同阶段应用的价值说明。

1. 场地分析

场地分析是研究影响建筑物定位的主要因素，是确定建筑物的空间方位和外观、建立建筑物与周围景观的联系的过程。

在规划阶段，场地的地形地貌、植被情况及所处地的气候条件都是影响设计决策的重要因素。传统的场地分析往往较多地依靠专业技术人员主观判断，定量分析不足，通过BIM结合地理信息系统（geographic information system，GIS），对场地及拟建的建筑物空间数据进行建模，通过BIM及GIS软件定量分析，得出分析结果，帮助项目在规划阶段评估场地的使用条件和特点，从而作出新建项目最理想的场地规划、交通流线组织关系、建筑布局等关键决策。

2. 协同设计

协同设计即多专业协调设计，建筑设计由于涉及多专业协调，对团队协同要求较高，协同效率很大程度上决定着设计工作进行的效率。传统的二维设计通常用线条和图形描述建筑物，由于其数据结构细度和关联度不够，较难实现充分的实时协同；而BIM技术提供的底层数据可以让建筑、结构、机电等不同专业的设计师及不同阶段的项目参建单位技术人员，基于一个共同的中心模型进行协同设计，可以大幅提升设计工作的效率和设计质量。

3. 工程量计算

工程量计算是工程项目管理中非常重要的一项工作，工程量计算能力直接决定着项目的成本管理能力。传统的工程量计算非常烦琐、耗时，不仅要投入大量的人工，而且出现误差的可能性较大。更为不利的是，一旦发生设计变更，重新计算的工作量也相当大；同时，由于传统计算书的数据结构问题，要对计算结果进行拆分以统计某些区域或者构件的工程量也难以实现。

通过 BIM 技术进行工程量计算，可以完全避免以上问题。由于 BIM 建模时已经将建筑物各种构件创建为模型，这些构件的所有尺寸信息都已结构化存储，工程量计算就可以通过计算机高效地完成。如发生变更也只需要修改变更处的模型后重新计算即可，并且可以根据需求按照任意维度（按构件类型、按专业、按楼层、按区域等）统计需要的工程量。

4. 数字化建造

数字化建造是从数字化制造引申而来的一个概念。制造行业由于产品高度标准化，通过数控设备实现工业化流水线式生产已经非常普遍，并由此代替了手工生产，数十倍、百倍地提高了作业效率。而建筑行业，由于行业特性和建筑物标准程度较低，通过传统方式实现数字化建造难度较大。

随着 BIM 技术的发展，数字化建造将逐步成为可能，利用 BIM 技术结合装配技术，可以自动完成建筑物构件的预制，通过工厂精密机械技术制造出来的构件不仅降低了建造误差，并且大幅度地提高构件制造的生产率，使整个建筑建造的工期缩短并且容易掌控。

5. 管线综合设计

随着项目复杂程度以及用户对建筑物性能要求的提升，对管线综合设计的合理性和优化性的要求越来越高。

二维情况下，管线综合通常是由经验丰富的工程师通过对不同专业图纸的层叠结合自己的想象进行的，这种方式难度大，误差不可控。利用 BIM 技术可通过可视化直观展示各种构件之间的空间关系，提高了管线综合的设计能力和工作效率。

6. 资产及空间管理

工程完工投入使用后，进入物业运营阶段，运营阶段对资产及空间管理有着普遍的需求。BIM 技术、运维管理系统及无线射频等技术的结合可以实现更便利的运营管理，将项目竣工 BIM 模型数据导入运维管理系统，可帮助运营工程师清晰地统计资产数量，以及做重要固定资产的定位，辅助进行资产、能耗、安全等各种管理。

1.3 BIM 技术常用软件平台

BIM 技术是一个涉及面较广的技术领域，整个技术领域需要应用多种软件共同配合以达成 BIM 应用价值。在建筑全生命周期的不同阶段有不同的软硬件，在同一阶段也有不同软件平台可实现相同的目标。

如 BIM 设计类软件就有 Autodesk Revit 平台、Bentley 平台、ArchiCAD 平台、CATIA 平台、Tekla 平台等；BIM 施工类软件有广联达、鲁班软件等；BIM 运维有 ArchiBUS 平台等。

不同的平台有着不同的应用侧重点，使用者应在具体的 BIM 应用实践中按各自的业务需求选择合适的软件平台。以下简要介绍各 BIM 设计类软件平台的主要应用场景。

1. Autodesk Revit 平台

Revit 是 Autodesk 公司开发的 BIM 建模软件，包含建筑、结构、机电专业，是目前应用比较广泛的 BIM 基础建模软件，常用于民用建筑领域。

Autodesk Revit 平台的优势在于 Autodesk 公司丰富、成熟的产品体系，Revit 与 Autodesk 公司的 AutoCAD、3ds Max、Navisworks 等软件配合可以实现不同场景下 BIM 应用需求，大大提高了 BIM 模型的应用价值。

另外一个优势在于 Autodesk Revit 平台的开放性。与 AutoCAD 一样，Revit 以其接口开放性在国内拥有大量本土化软件开发合作商，大幅提高了 Revit 作为国外软件的本土化适应性。

2. Bentley 平台

Bentley 是一家全球性的土木工程和基础设施软件供应商，其核心产品 MicroStation、ProjectWise 已在众多标志性项目中得以应用。Bentley 的优势在于有一个以 MicroStation 为工程数据中心的基础图形平台，平台内集二维制图、三维建模于一体，具有照片级的渲染功能和专业级的动画制作功能，数据互通性、兼容性强，可应用于 Bentley 平台的所有专业和多种领域。

Bentley 产品常用于工业设计（石油、化工、电力、医药等）和基础设施（道路、桥梁、市政、水利等）领域。

3. ArchiCAD 平台

ArchiCAD 平台是图软（GRAPHISOFT）公司开发的 BIM 软件产品。ArchiCAD 是最早期的三维建筑设计软件之一。ArchiCAD 作为历史悠久的三维设计软件，灵活性是其优势所在。ArchiCAD 特有的 GDL 语言（几何设计语言，是一种参数化程序设计语言）可以让建筑设计师自由地创建各种想象中的自由体。另外，ArchiCAD 对其他数据格式的兼容性较为出色。

4. CATIA 平台

CATIA 是法国达索公司开发的软件产品。CATIA 源于航空航天工业，此后在汽车、船舶等各类复杂的制造行业拓展，有着出色的三维建模能力，以其精确性、可靠性著称。目前 CATIA 广泛用于汽车、航空航天、轮船、军工、仪器仪表、建筑工程、电气管道、通信等专业领域。CATIA 在处理异形曲面建模、复杂参数集成等方面具有出色的功能，近年来在 BIM 技术领域异形建筑、桥梁等方面表现突出。

5. Tekla 平台

Tekla Structures（别名 Xsteel）是芬兰 Tekla 公司开发的 BIM 软件，目前是应用于钢结构专业领域的知名 BIM 软件之一，在钢结构工程中有着非常广泛的应用。对于装配式建筑、工程管理等也有相应的解决方案。软件可与生产使用的数控设备结合、与现场测量设备结合，将 BIM 技术与生产加工和现场安装融合应用。

Tekla 不仅是一个钢结构三维建模软件，其详细的构件参数可导出螺栓报表、构件表面积报表、构件报表、材料报表等各种报表；同时，还可以自动生成构件详图和零件详图，以供装配和加工使用。零件图可以直接或经转化后，得到数控切割机所需的文件，实现钢结构设计和加工的自动化。

1.4　BIM 技术相关标准

BIM 技术作为一项信息技术，涉及各种软件、硬件的应用，在数据层面和业务层面都存在大量交互，如果没有相关数据和技术标准，BIM 技术的发展和应用都将举步维艰。

BIM 技术的相关标准主要分为两个大类。一类是数据交换层面的标准，确保各类 BIM 软件之间的数据互通，打破软件厂商的数据垄断。其作用是让使用者创建的 BIM 数据不局限在某一个软件平台中，而是可以在不同的应用软件之间流通，避免数据孤岛现象，提高数据的重复利用率，从而提升 BIM 技术的应用效率。另一类是业务规范层面的标准，这类标准的目的是让 BIM 使用者遵循一套统一的业务规范，如构件分类和编码规范、数据交付规范、模型应用规范等。这些标准往往是政府发布的权威标准，通过这些标准规范达成行业共识，最终实现促进行业健康发展和 BIM 技术普及应用的目的。

以下分别对这两类标准作简要介绍：

1. 数据交换层面的标准：IFC 标准

IFC 标准是由国际协同工作联盟 IAI（International Alliance for Interoperability）为建筑行业发布的建筑产品数据表达标准。

IFC 标准本质上是建筑物和建筑工程数据的定义，它采用了一种面向对象的、规范化的数据描述语言（EXPRESS 语言）来作为数据的描述语言。EXPRESS 语言通过一系列的说明来进行描述，这些说明主要包括类型说明（type）、实体说明（entity）、规则说明（rule）、函数说明（function）与过程说明（procedure）。

IFC 数据模型覆盖了 AEC/FM（建筑、工程、施工、设备管理）中大部分领域，并且随着新需求的提出还在不断扩充，比如，由于新加坡施工图审批的要求，IFC 加入有关施工图审批的相关内容。IFC 标准（IFC 2x platform. 版本）已经被 ISO 组织接纳为 ISO 标准（ISO/PAS 16739，可出版应用版本），成为 AEC/FM 领域中的数据统一标准。

作为应用于 AEC/FM 各个领域的数据模型标准，IFC 模型不仅包括可见的建筑元素（如梁、柱、板、吊顶、家具等），也包括抽象的概念（如计划、空间、组织、造价等）。最新的 IFC 标准包含了以下 9 个建筑相关领域：①建筑领域；②结构分析领域；③结构构件领域；④电气领域；⑤施工管理领域；⑥物业管理领域；⑦供热通风与空气调节领域；⑧建筑控制领域；⑨管道及消防领域。

目前市面上常用的 BIM 软件都支持 IFC 标准，如 Autodesk Revit 平台、Bentley 平台、ArchiCAD 平台、Tekla 平台等，IFC 标准是现行比较通行的软件数据标准。

2. 业务规范层面的标准：国家标准

为了规范行业标准，各行各业都会出台国家标准，建筑行业拥有的国家标准已经涵盖到行业的方方面面。BIM 技术成为近些年建筑行业被广泛应用的一项新技术，国家也出台了相应的标准对业务流程进行了规范。但 BIM 技术仍然是一项发展中的技术，相关的国家标准也需随着行业的发展逐步推出和不断更新迭代。

目前已经发布的国家标准主要有：①《建筑信息模型应用统一标准》（GB/T 51212—2016），2017 年 7 月 1 日起实施；②《建筑信息模型施工应用标准》（GB/T 51235—2017），自 2018 年 1 月 1 日起实施；③《建筑信息模型分类和编码标准》（GB/T 51269—2017），自 2018 年 5 月 1 日起实施；④《建筑信息模型设计交付标准》（GB/T 51301—2018），2019 年 6 月 1 日起实施；⑤《建筑工程设计信息模型制图标准》（JGJ/T 448—2018），2019 年 6 月 1 日起实施。其中，①至④是推荐性国家标准，⑤属于建筑行业建设标准。以上每个标准所规范的内容分别就施工应用标准、分类和编码标准、设计交付标准和制图标准作了详尽的规定。

1.5　BIM 模型交付等级和数据格式

建筑全生命周期不同阶段、不同使用场景下，对 BIM 模型的精细度要求是不一样的。如设计阶段的设计师需要 BIM 构件的外形及尺寸信息，而施工时材料采购人员还需要 BIM 构件的性能参数及材料厂商信息。BIM 模型作为 BIM 技术应用的交付成果，必须有相应的交付等级和数据格式标准，以便 BIM 技术应用参与方在交付成果标准上形成共识。

《建筑信息模型设计交付标准》对模型的交付等级从以下三个方面作了详细的约定。

1. 模型精细度（LOD1.0—LOD4.0）

模型精细度主要衡量 BIM 模型包含的最小模型单元，其等级详见表 1–1。

表 1–1　模型精细度等级

等级	英文名	代号	包含的最小模型单元
1.0 级模型精细度	level of model definition 1.0	LOD1.0	项目级模型单元
2.0 级模型精细度	level of model definition 2.0	LOD2.0	功能级模型单元
3.0 级模型精细度	level of model definition 3.0	LOD3.0	构件级模型单元
4.0 级模型精细度	level of model definition 4.0	LOD4.0	零件级模型单元

在实际应用中，一般来说，不同阶段有对应的模型精细度要求。方案设计阶段不宜低于 LOD1.0，初步设计阶段不宜低于 LOD2.0，施工图设计阶段和深化设计阶段不宜低于 LOD3.0，具有加工要求的模型和竣工移交的模型不宜低于 LOD4.0。

2. 几何表达精度（G1—G4）

模型单元在视觉呈现时，几何表达精度是几何表达真实性和精确性的衡量指标，其等级详见表 1–2。

表 1–2　几何表达精度等级

等级	英文名	代号	几何表达精度要求
1 级几何表达精度	level 1 of geometric detail	G1	满足二维化或者符号化识别需求
2 级几何表达精度	level 2 of geometric detail	G2	满足空间占位、主要颜色等粗略识别需求
3 级几何表达精度	level 3 of geometric detail	G3	满足建造安装流程、采购等精细识别需求
4 级几何表达精度	level 4 of geometric detail	G4	满足高精度渲染展示、产品管理、制造加工准备等高精度识别需求

几何表达精度并非越精细越好，不同阶段应选取适宜的精度；同时为了确保模型的可用性，在满足设计深度和应用需求的情况下，应尽量降低模型的数据荷载，选取较低等级的几何表达精度。

3. 信息深度（N1–N4）

信息深度是模型单元承载属性信息详细程度的衡量指标，其等级详见表 1–3。

表 1–3　信息深度等级

等级	英文名	代号	等级要求
1.0 级信息深度	level 1 of information detail	N1	宜包含模型单元的身份描述、项目信息、组织角色等信息
2.0 级信息深度	level 2 of information detail	N2	宜包含和补充 1.0 等级信息，增加实体系统关系、组成及材质、性能或属性等信息
3.0 级信息深度	level 3 of information detail	N3	宜包含和补充 2.0 等级信息，增加生产信息、安装信息
4.0 级信息深度	level 4 of information detail	N4	宜包含和补充 3.0 等级信息，增加资产信息和维护信息

模型单元的属性信息深度应根据设计阶段的发展逐步完善，并符合：唯一性原则，即属性值和属性应一一对应，在单个应用场景中属性值应唯一；一致性原则，即同一类型的属性、格式和精度应一致。

BIM 模型的交付数据格式则与交付对象、后续使用用途等因素有关。一般情况下，为避免数据转换带来的数据丢失，可采用 BIM 建模软件的专有数据格式（如 Autodesk Revit 的 RVT、RFT 等格式）。如考虑数据格式的通用性，可提交行业标准数据格式（如 IFC 格式）；同时，为了在设计交付中便于浏览、查询、综合应用，可提供其他几种通用的、轻量化的数据格式（如 NWD、IFC、DWF 等）。如果存在通用场景下使用需求，可同时提交常见的文档或视频文件数据格式。

1.6　BIM 技术在土木工程不同专业方向的应用特点

土木工程不同专业方向本身有着迥异的项目特色，因此 BIM 技术在不同专业领域的应用场景和特点也各有不同。以下从土木工程的不同专业分别阐述 BIM 技术的应用特点。

1. 建筑工程

房屋建筑包括住宅、厂房、剧院、旅馆、商店、学校和医院等，建筑工程是目前应用 BIM 技术最为积极、最为广泛的专业方向。

随着人民群众现实需求和艺术追求的提升，建筑工程呈现出来的形态越来越多样化，带来的施工难度和管理难度也随之上升。例如，城市超高层建筑、具备现代化设备的高科技医院，以及声学性能要求严格的剧场、商业、办公和居住结合的大型综合体等，这些建筑工程项目不仅对施工技术的要求更高，对项目管理信息化的要求也更高。

对于建筑工程方向，BIM 技术已有一定的行业标准和技术规范，人才培养和储备也具备一定的基础，相应的软硬件条件较其他专业方向更为丰富。因此，目前 BIM 技术在建筑工程方向的实践探索比较多；同时，也存在一些挑战，如 BIM 应用效率仍然难以满足项目管理要求、参建方协同不够顺畅等。

2. 桥梁工程

桥梁工程是一门传统学科。随着经济的发展，桥梁工程建设项目越来越多，也越来越复杂，桥梁的承重、跨度、坡度和曲线要求都在大幅提高，尤其是大型、特大型的跨河、跨海桥梁项目，技术要求更高。

现代桥梁工程对施工提出了更高的要求。桥梁工程具有施工环境复杂、施工周期长、设计复杂、体积庞大等诸多问题，利用 BIM 技术可以辅助桥梁工程师解决以上难点。

BIM 技术在桥梁工程的应用特点主要有：一是建模难度大，尤其是异形曲面造型的桥梁，给 BIM 建模带来不小的挑战；二是精细度要求高，桥梁项目存在较多混凝土、钢结构的预制构件，利用 BIM 技术指导预制构件生产加工就要求提供精度足够的模型数据；三是运维要求高，BIM 技术要和运维监测设备有机结合，以提高运维管理能力。

3. 铁道与城市轨道交通工程

近些年，全国铁路网建设和各个城市的城市轨道交通建设都在积极推进和蓬勃发展中，铁道与城市轨道交通工程相关的技术也在快速升级。

铁道与城市轨道交通工程环境复杂、施工难度大、项目跨度大、专业类型多，这些难点给项目管理带来不小的挑战。BIM 等信息化技术的综合应用能够在很大程度上帮助项目工程师克服以上难点。

BIM 技术在铁道与城市轨道交通工程的应用特点主要有：一是 BIM 技术集成应用要求高，要求结合 GIS、物联网等技术实现综合集成应用以解决项目难点；二是 BIM 模型数据量大，对软硬件性能要求高；三是工程造价高，BIM 技术应用价值巨大。

BIM 技术的发展给整个土木工程行业的各个领域都带来了巨大的影响，给土木工程行业带来新的机遇和挑战。BIM 技术相较于传统的信息技术，不仅仅是简单的维度提升，更是数据信息交互方式的改变，更符合未来大数据技术、人工智能技术的发展趋势，随着信息化技术的推进，BIM 技术代表了土木工程行业的一个重要发展方向。

习　题

1. 简述 BIM 技术的概念和特点。
2. BIM 技术对项目都有哪些应用价值？
3. 制定 BIM 建模标准和交付标准的意义是什么？目前我国有哪些国家标准？
4. BIM 建模常用的软件平台有哪些？

第2章

Revit 基础知识和项目创建

Revit 是 Autodesk 公司开发的一种三维设计软件，是目前主要的 BIM 建模软件之一。由于其最初主要是针对房屋建筑工程方向开发的软件，在房屋建筑方面实用度高，应用比较广泛。Revit 具有较高的灵活性，适用性很强，在道路、桥梁、隧道、设备、幕墙、钢结构等方向也同样适用。下面仅以 Revit 平台为例，介绍 BIM 建模技术及应用，其他建模平台暂不介绍。

2.1 常用术语和界面

2.1.1 Revit 常用术语

1. 项目

在 Revit 中，创建的单个三维模型文件称之为项目，文件格式后缀名为.rvt。项目包含了整个模型的所有数据信息。

2. 项目样板

项目样板是做了项目基础设置的模板。例如，导入一些通用的构件图元，设置了基础的视图显示模式等，项目样板文件的格式后缀名为.rte。

3. 族

族是组成 Revit 三维模型的基础。可以说，没有族就没有模型的产生。模型中的每一个构件都是族。族的具体内容详见 2.3 节。

4. 类型参数

类型参数是同一种类型的族所具有的共有参数。对类型参数进行修改时，项目中所有属于该类型的族都会发生变化。

5. 实例参数

实例参数是某一个族实例自己的独有参数。对实例参数进行修改时，只会影响该族在项目中的表现形式，而不会影响其他同类族。

2.1.2 界面介绍

如图 2-1 所示，Revit 软件的整体界面，包含应用程序菜单、快速访问工具栏、功能栏、属性栏、项目浏览器、视图控制栏、绘图栏。

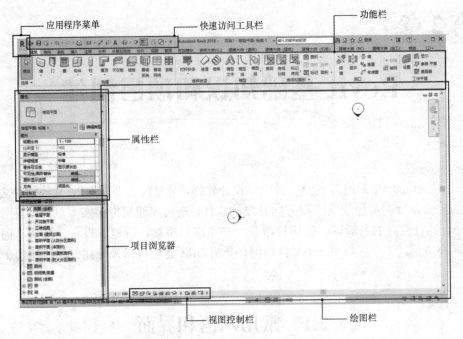

图 2-1　Revit 软件整体界面

1. 应用程序菜单

应用程序菜单如图 2-2 所示，通常用来新建、打开、保存和导出文件等。在窗口图右下角的【选项】中可以对 Revit 做一些基础设置，如设置保存提醒、设置快捷键、更改背景色、添加样板文件等。【选项】对话框如图 2-3 所示。

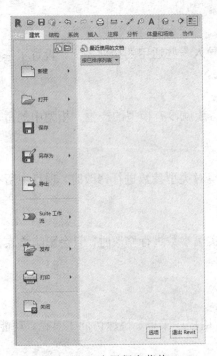

图 2-2　应用程序菜单

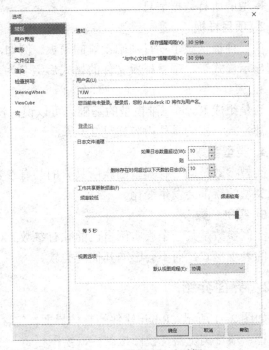

图 2-3　【选项】对话框

14

2. 快速访问工具栏

快速访问工具栏如图 2-4 所示。通过该工具栏可以快速打开及保存文件、撤销及重做命令、切换视图等。通过右侧的 按钮，可以自定义快速访问工具栏，对工具栏的命令进行添加、删除及排序，如图 2-5 所示。

图 2-4　快速访问工具栏

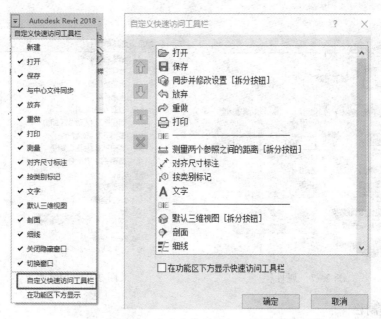

图 2-5　自定义快速访问工具栏

3. 功能栏

功能栏包含了创建模型时需要用到的所有功能，包含页签卡、功能按钮及下拉按钮。如图 2-6 所示。

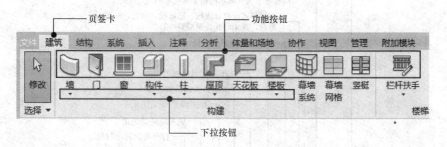

图 2-6　功能栏按钮

单击页签卡可以切换不同模块的功能栏；单击功能按钮，可以直接进行某种构件的绘制或布置；下拉按钮用以显示与功能相关的其他工具命令。

4. 属性栏

属性栏可以查看或修改当前选中对象的各项参数信息；如没有选中任何构件时，属性栏默认显示当前所在视图的属性信息，如图 2-7 所示。

属性栏的打开与关闭可以通过【视图】|【用户界面】|【属性】来实现，也可以使用快捷键"Ctrl+1"来快速完成。

5. 项目浏览器

项目浏览器列出了当前项目所有的视图、明细表、图纸、族、组等信息，如图 2-8 所示。通过项目浏览器可以切换不同的视图界面，打开明细表、图纸，查看该项目包含的所有族构件信息等。

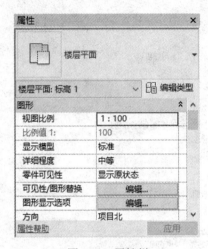

图 2-7 属性栏

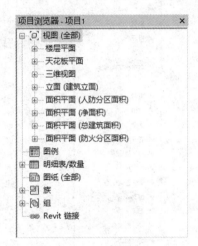

图 2-8 项目浏览器

6. 视图控制栏

视图控制栏用以调节当前视图显示的样式，主要包括视图比例、详细程度、视觉样式等调节功能，如图 2-9 所示。

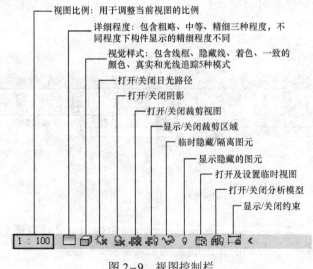

图 2-9 视图控制栏

7. 绘图栏

绘图栏就是绘制模型的主要区域。

2.2　项　目　创　建

2.2.1　新建项目

在 Revit 中，可以通过三种方式来新建项目文件。

第一种方式是通过应用程序菜单新建项目。单击【新建】按钮右侧的小三角箭头，弹出创建 Revit 文件的菜单，可分别对项目、族、概念体量、标题栏和注释符号进行新建。如图 2-10 所示。

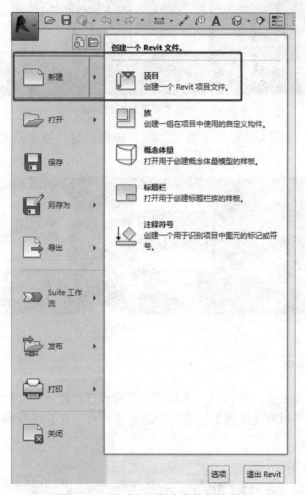

图 2-10　通过应用程序菜单新建项目

通过这种方式新建项目，还需要选择一个项目样板，如图 2-11 所示。

图 2-11　选择项目样板

第二种方式，是通过软件的开始界面上的【新建】按钮来创建。这种方式也需选择项目样板，如图 2-12 所示。

图 2-12　通过【新建】按钮创建项目

第三种方式，是直接选择界面上的某个项目样板。这样就会直接打开项目文件，如图 2-13 所示。

图 2-13　通过项目样板新建项目

2.2.2　设置项目信息

新建完项目后，需要先对项目的一些基本信息做设定，如项目名称、项目状态、项目单位等。这些操作，都可以在【管理】选项卡中通过【项目信息】功能和【项目单位】功能完成，如图 2-14 所示。

图 2-14　【项目信息】及【项目单位】

在【项目信息】中，可以对组织名称、建筑名称、作者、项目发布日期、项目状态、项目地址、项目名称等内容进行设置。如果建模完成后需要进行模型能量等数据分析的相关操作，则需进行能量设置。单击【能量设置】栏对应的【编辑】按钮，进入能量设置界面，根据实际情况进行设置即可。如图 2-15 和图 2-16 所示。

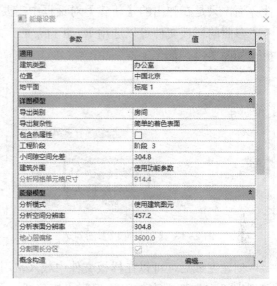

图 2-15　设置项目信息　　　　　　　　　图 2-16　进行能量设置

在【项目单位】中可以对长度、面积、体积、角度、坡度等内容的单位进行设置，如图 2-17 所示。完成以上内容的设置后，就可以开始正式建模工作。

图 2-17　设置项目单位

2.2.3　样板文件的创建与应用

当 Revit 自带项目样板无法满足建模需要时，可以通过新建项目样板的方式创建适应个人需求的样板文件。新建项目样板与新建项目的方式基本一致，都是通过应用程序菜单或软件界面，只是在弹出的【新建】对话框中需要勾选出【项目样板】选项，如图 2-18 所示。

参照的样板文件可以选用 Revit 自带的，之后在其基础上做更改，也可以直接选择空样板，如图 2-19 所示。

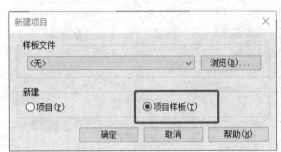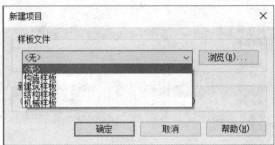

图 2-18　【项目样板】的勾选　　　　　　图 2-19　选择参照样板文件

创建完成后，可以在样板文件中载入常用的族文件。例如，Revit 自带的建筑样板中只有型钢梁族，而国内常用的混凝土矩形梁，就需要将该类族载入项目中，以便后续使用，通过【插入】|【载入族】的操作直接载入即可，如图 2-20 所示。另外，可以在样板中提前创建好项目常用的材质，如混凝土、水泥砂浆等，可通过【管理】|【材质】来新建，如图 2-21 所示。

图 2-20　载入族

图 2-21　管理材质

设置完成后，将该样板保存，利用应用程序菜单保存即可。为方便后续使用，需要将该样板添加至 Revit 的启动界面中。通过应用程序菜单，打开【选项】界面，如图 2-22 所示。【常规】界面如图 2-23 所示。

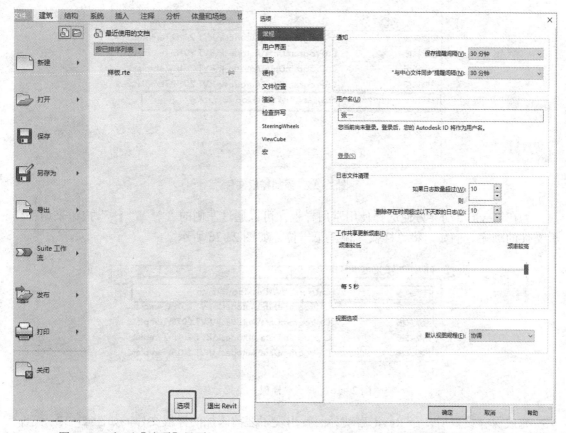

<table>
<tr><td>图 2-22　打开【选项】界面</td><td>图 2-23　【常规】界面</td></tr>
</table>

通过【选项】界面左侧的选项卡，选择【文件位置】，如图 2-24 所示，在此处可以添加、移除、排列项目样板。

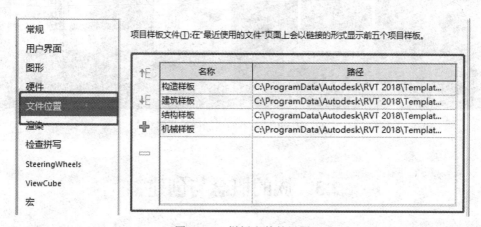

图 2-24　样板文件的设置

要添加项目样板，单击"➕"，选择项目样板所在路径即可。选择后，界面就会出现新增的样板文件名称及路径，如图 2-25 所示。

名称	路径
构造样板	C:\ProgramData\Autodesk\RVT 2018\Templat...
建筑样板	C:\ProgramData\Autodesk\RVT 2018\Templat...
结构样板	C:\ProgramData\Autodesk\RVT 2018\Templat...
机械样板	C:\ProgramData\Autodesk\RVT 2018\Templat...
样板	C:\Users\YJW\Desktop\样板.rte

图 2-25　添加样板文件

为在 Revit 启动界方便选择使用常用样板，可以通过左侧的"↑E""↓E"按钮来调整样板文件的顺序。例如，将"样板"调至第一位，如图 2-26 所示。

名称	路径
样板	C:\Users\YJW\Desktop\样板.rte
构造样板	C:\ProgramData\Autodesk\RVT 2018\Templat...
建筑样板	C:\ProgramData\Autodesk\RVT 2018\Templat...
结构样板	C:\ProgramData\Autodesk\RVT 2018\Templat...
机械样板	C:\ProgramData\Autodesk\RVT 2018\Templat...

图 2-26　调整"样板"至第一位

完成保存设置后，在 Revit 启动界面就出现了之前添加的样板文件，如图 2-27 所示，后续使用时直接单击打开即可。

图 2-27　Revit 启动界面增加样板后的状态

2.3　族的概念与创建

2.3.1　族的概念

一个项目文件中的所有图元都是族。举一个通俗的例子，族就好比是积木块，许多积木块组合在一起就形成了一个建筑模型。在 Revit 中，族可以分为系统族、可载入标准构件族和内建族三大类。

2.3.2 族的分类

1. 系统族

系统族是 Revit 已做配置的族，如墙体、楼板、管道等，这些族在使用时只能修改默认开放的参数，无法随心所欲对其修改，也无法将其保存到本地。

2. 可载入标准构件族

可载入标准构件族是指可以从外部载入到 Revit 项目中使用的族，它可以是 Revit 自带族库中的，也可以是建模人员自行创建的。这些族灵活性是最高的，在功能可实现的情况下，可以对其进行任意修改，以匹配使用环境。可载入标准构件族可以被保存到本地，以便重复使用。

3. 内建族

内建族是指在项目文件中直接绘制的族，不具有可参变性，只能通过族的创建命令对其进行修改，常用于仅依附当前项目且不需要重复利用的族构件。

2.3.3 标准构件族的创建

1. 新建族

新建族与新建项目文件的方式类似，也可以通过应用程序菜单或软件界面，但是与项目不同的是，族文件的新建必须要选择族样板，如图 2-28 所示。

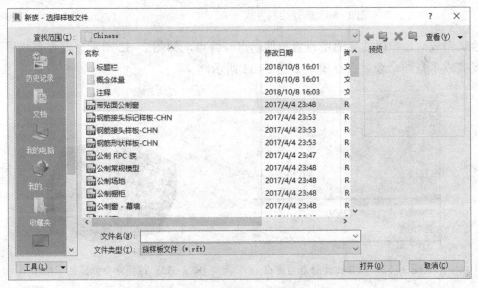

图 2-28 选择族样板文件

在选择族样板时，一般根据自己所需创建的构件来选择。例如，要创建一扇窗户，就选择"公制窗"样板。但是，往往固定了构件名的族样板，都会根据构件情况做一些预先设置；如果想要抛开这些限制，就可以选择一个"公制常规模型"的样板。

2. 族的绘制

族的绘制，通常通过 5 个基本命令：拉伸、融合、旋转、放样、放样融合，如图 2-29 所示。从图 2-29 中还可以看到空心形状命令；但是实际上，空心形状也是利用前面提到的 5 个命令来进行创建的。

图 2-29 族的绘制命令

1. 拉伸

拉伸需要创建一个基本的二维轮廓，通过设置轮廓的拉伸起点和终点来形成一个三维形状。单击【拉伸】功能，选用一种绘制方式，如图 2-30 所示，绘制如图 2-31 所示的二维轮廓。

 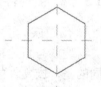

图 2-30 选择绘制方式　　　　　　　　　图 2-31 二维轮廓

绘制完成后，在属性界面中设置拉伸起点与终点，如图 2-32 所示。设置完成后，单击 就完成了拉伸命令。三维模型如图 2-33 所示。

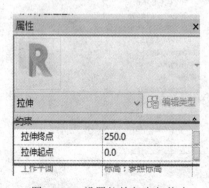 

图 2-32 设置拉伸起点与终点　　　　图 2-33 拉伸命令创建的三维模型

2. 融合

融合需要绘制一个底部的二维轮廓和一个顶部的二维轮廓，通过这两个轮廓来生成一个三维形状。

单击【融合】功能，对底部和顶部的位置进行确定。在属性栏中，第一端点的偏移量就是底部位置的偏移量，第二端点的偏移量就是顶部位置的偏移量，如图 2-34 所示。

确认位置后，就可以选用绘制方式，绘制如图 2-35 所示的底部轮廓。绘制后通过【编辑顶部】按钮，如图 2-36 所示，切换到顶部绘制的轮廓，如图 2-37 所示。绘制完成后单击 ✓，所创建的三维模型如图 2-38 所示。

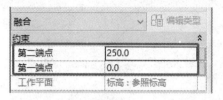

图 2-34 设置底部及顶部位置

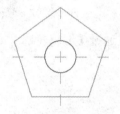

图 2-35 底部轮廓

图 2-36 【编辑顶部】按钮

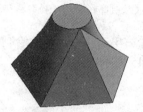

图 2-37 顶部轮廓

图 2-38 融合命令创建的三维模型

3. 旋转

旋转是通过设置一条旋转轴，使一个封闭的二维轮廓绕着该条轴线旋转一定的角度来生成一个三维形状。

单击【旋转】功能，使用绘制命令绘制边界线，即封闭的二维轮廓。绘制完成后，通过功能栏（如图 2-39 所示）切换为轴线并绘制，绘制完成的轮廓线与轴线如图 2-40 所示。

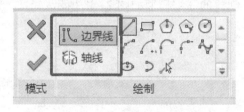

图 2-39 切换边界线/轴线

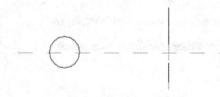

图 2-40 轮廓线与轴线

在属性栏中对旋转角度进行设置，如图 2-41 所示。设置完成后单击 ✓，创建的三维模型如图 2-42 所示。

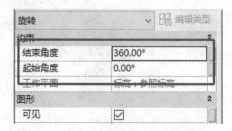

图 2-41 设置旋转角度

图 2-42 旋转命令创建的三维模型

4. 放样

放样，即通过二维轮廓在一条路径上平移来生成一个三维形状。

单击【放样】功能，首先创建路径。路径可以通过【绘制路径】或【拾取路径】两种方式创建，如图 2-43 所示。此处绘制如图 2-44 所示的路径。

图 2-43 【绘制路径】与【拾取路径】

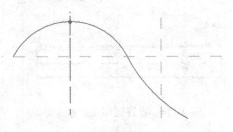

图 2-44 路径

绘制完路径后单击 ✓ ，开始绘制轮廓。轮廓可以通过【编辑轮廓】或【载入轮廓】来生成，如图 2-45 所示，此处使用【编辑轮廓】。

图 2-45 【编辑轮廓】与【载入轮廓】

单击【编辑轮廓】后，会弹出一个对话框，用于选择轮廓需要在哪个视图平面中进行绘制，如图 2-46 所示。此处选择【右】绘制如图 2-47 所示的轮廓。绘制完成后单击 ✓ 完成轮廓编辑的命令，再单击 ✓ 完成放样创建，创建的三维模型如图 2-48 所示。

图 2-46 选择轮廓视图

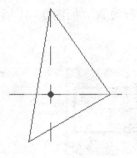

图 2-47 轮廓

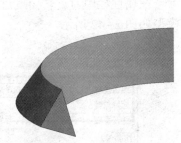

图 2-48 放样创建的三维模型

5. 放样融合

放样融合，从名称中就可以将其简单理解为是把放样与融合结合在一起，通过一条路径，可以单独定义其起点和终点的二维轮廓，从而生成一个三维形状。操作方式与放样和融合功能相类似，在此不再赘述。

以上通过了 4 个实例，讲解了如何通过拉伸、融合、旋转、放样来创建三维实体模型；空心模型的创建同理，区别是需要使用【空心形状】下拉选项的功能来进行绘制。

习　题

1. Revit 中项目样板具有什么作用？
2. Revit 中实例参数与类型参数具有什么样的区别？
3. Revit 软件界面主要分为几部分？可以更改背景色、视图样式的分别为哪两部分？
4. 使用 Revit 正式建模之前，需要做哪些准备工作？如何实现这些工作？
5. Revit 中主要有哪几类族？它们分别有什么特征？
6. 根据如图 2-49 所示的三视图，创建柱脚族。

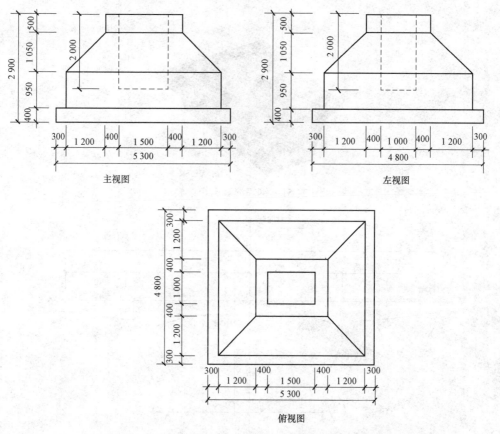

图 2-49　习题 6 三视图

7. 建立如图 2-50 所示的钢筋混凝土 T 梁，其中 T 梁的宽度和高度可以在项目中修改尺寸。完成等截面 T 梁模型后，尝试建模完成变截面 T 桥梁族的练习，即实现用创建融合方式来创建变截面 T 梁。

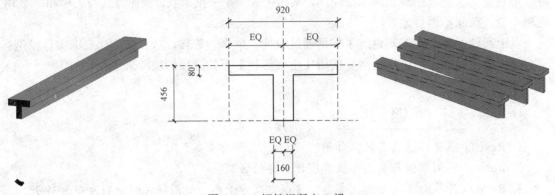

图 2-50　钢筋混凝土 T 梁

8. 建立如图 2-51 所示钢筋混凝土箱梁族模型，二维图如图 2-52 所示，其中箱梁的宽度和高度可以在项目中修改尺寸。图中单位为 cm。

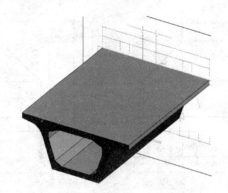

图 2-51　钢筋混凝土箱梁族

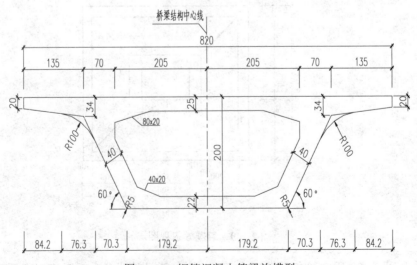

图 2-52　钢筋混凝土箱梁族模型

9. 建立如图 2-53 所示的隧道轮廓族模型。图中单位为 cm。

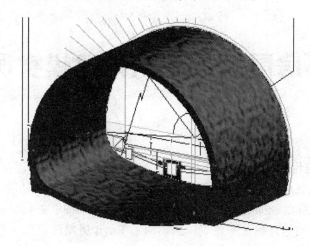

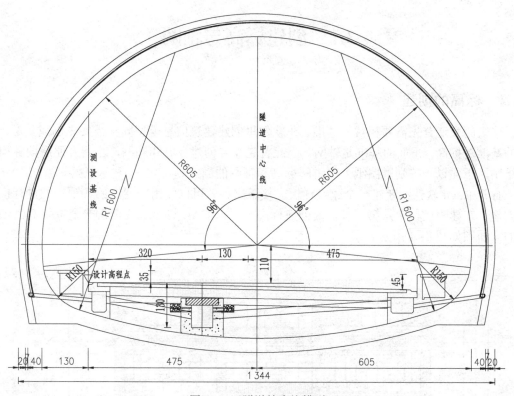

图 2-53 隧道轮廓族模型

10. 自主练习题：结合自己的专业方向，熟悉建立各种族的创建方法和应用。

第 3 章

房屋建筑及结构建模实例

BIM 技术的应用应该是正向设计，即在方案和施工图设计阶段，直接先建立三维 BIM 模型，通过模型生成所需要的二维资料。如果在原有二维图纸的基础上建模，也叫作翻模，为了讲述方便，本章以一栋别墅二维图纸为例，通过二维图纸进行翻模操作，讲述建模的过程。从轴网标高开始构建相关的建筑模型，演示 Revit 房屋建筑模块的相关功能，最后生成明细表和输出模型成果，并创建图纸。

3.1　创建标高与轴网

3.1.1　标高的创建

建筑的建造首先需要相对的基准。在软件里创建建筑信息模型同样需要先创建基准，高程的基准是标高，平面的基准是轴网，因此首先需要创建标高和轴网，才能方便后期各构件的绘制。下面以一栋别墅图纸为例讲解标高和轴网的创建。

打开 Revit 软件，新建一个建筑样板。接下来，就可以使用功能区的各项功能进行模型的创建。在建模过程中，第一步需要创建标高，根据 CAD 图纸的立面图来建立标高。该建筑的立面图如图 3-1 所示。

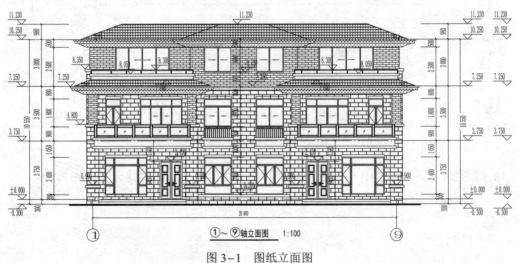

图 3-1　图纸立面图

通常在立面图中创建标高。通过【项目浏览器】里的【立面】选项直接切换到立面视图，如图 3-2 所示。任选一个立面，通常选择"南"立面，如图 3-3 所示，软件已经默认创建的两个标高，可以增加和修改。在这里，对照需要建模的图纸，将标高的名称和数值修改为设计图中的数值，首先可以把标高 2 的层高改为 3.750，双击标高所在的数字修改即可。

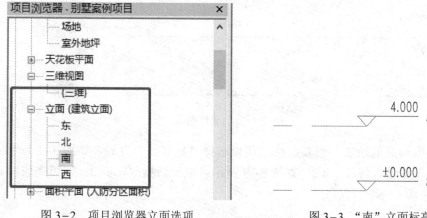

图 3-2　项目浏览器立面选项　　　　　　　　图 3-3　"南"立面标高

　　标高添加主要有两种方式，绘制标高和拾取标高。绘制标高是以端点捕捉方式，输入层高，单击或按 Enter 键完成；拾取标高是以已有标高线为参考线来生成新的标高线。绘制标高和拾取标高创建的标高在项目浏览器的楼层平面中会自动生成平面视图。

　　若使用绘制标高创建图纸所需的标高，首先单击【建筑】功能选项卡中的【标高】功能，如图 3-4 所示。

图 3-4　使用【标高】功能

　　页面跳转至修改放置标高页面后，将光标移动至标高 2 的左端点处，如图 3-5 所示；此时光标往上移动会出现虚线，输入层高间距，此处为 3500，如图 3-6 所示；完成后单击或按 Enter 键，即可创建标高的左端点。

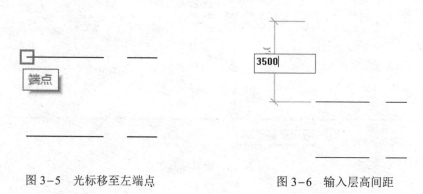

图 3-5　光标移至左端点　　　　　　　　　图 3-6　输入层高间距

光标右拉至出现竖向对齐线时单击，完成标高 3 的创建，如图 3-7 所示。

图 3-7　创建标高

若使用拾取标高的功能，需要在修改面板选择"拾取线"方式，如图 3-8 所示；在选项栏的"偏移"中输入层高 3500，如图 3-9 所示；完成后拾取标高 2，即可完成标高 3 的创建，如图 3-10 所示。

图 3-8　选择"拾取线"的方式

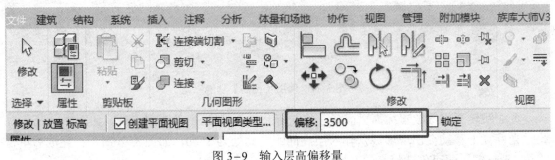

图 3-9　输入层高偏移量

图 3-10　拾取标高 2

采用以上任何一种方式依次创建需要的标高。当两条标高线距离较近时，右端标高符号显示会有重叠，选中标高后可以选择"添加弯头"，如图 3-11 所示，即可避开重叠。如图 3-12 所示，所有标高已创建完成。

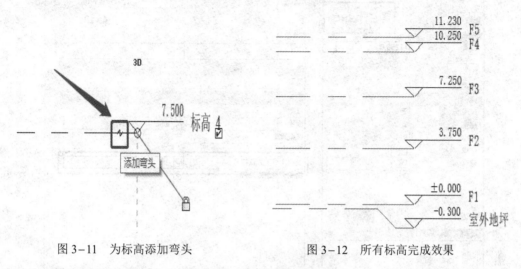

图 3-11　为标高添加弯头　　　　　　　　图 3-12　所有标高完成效果

　　标高名称可以具体化，匹配图纸的同时也便于理解。在这里，将标高"1"改为"F1"，方法是：双击标高名称进行更改，更改后会弹出"是否希望重命名相应视图"提示框，若选择"是"，则标高名称更改的同时项目浏览器中的视图名称也会发生更改；若选择"否"，则标高名称发生更改而视图名称不更改，一般选择"是"即可。更改名称后的标高如图 3-13 所示。

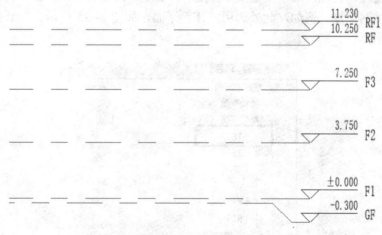

图 3-13　更改标高名称

　　如果需要标高双侧显示，则选中标高线，在属性框中选择编辑类型，类型属性勾选"端点 1 处的默认符号"即可，其他线型颜色等选项也可在编辑类型里完成。如图 3-14 所示。

33

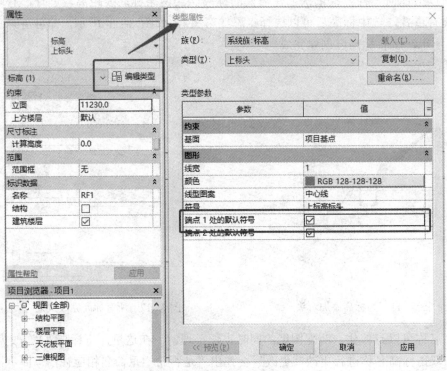

图 3-14   修改标高属性

3.1.2   轴网的创建

轴网的创建可以在任何一个平面视图中进行，其他平面也会显示。通常情况下会在底层平面图中进行轴网创建。例如，此处选用"1F"平面，如图 3-15 所示。需要创建的轴网参照如图 3-16 所示。

图 3-15   选择"1F"平面视图

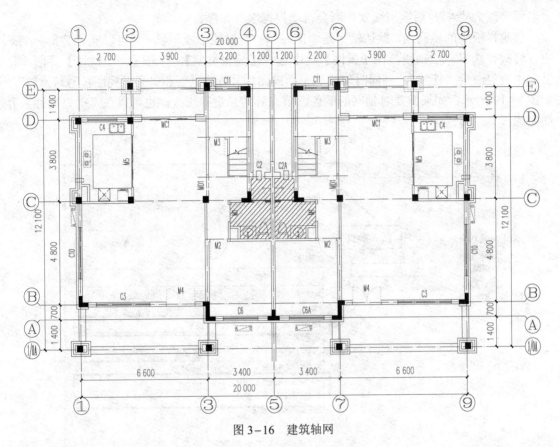

图 3-16　建筑轴网

轴网通常采用直接绘制的方式来创建。在【建筑】功能选项卡下选择"轴网"功能，如图 3-17 所示。

图 3-17　使用轴网功能

根据图纸情况，在平面视图中四个水滴形视图内的空白处绘制轴网。首先绘制纵向轴网，在空白处单击以确认轴线第一端点；再向上或向下平移光标，确认第二端点后单击，即完成了轴线的创建。如图 3-18 所示。

在 Revit 中创建的第一根轴网，默认的轴号为"1"，后续轴号会按阿拉伯数字排序递增，这也是优先绘制纵向轴网的原因。按照同样的方式，可以继续绘制轴网。在绘制后续的轴网时，软件会自动捕捉轴线端点，以保证轴网对齐。在绘制横向的第一条轴线时，如需要将轴

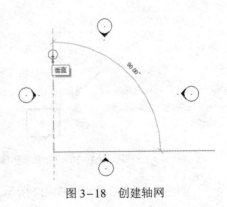

图 3-18　创建轴网

号名称修改为"A"，后续轴线软件则会自动根据字母排序。

建筑样板中的轴网族，默认轴号是单侧显示并且轴线中段不显示，可以通过编辑类型来进行修改。选择一根轴线，在【属性】栏中选择【编辑类型】，打开【类型属性】界面，将轴线中段更改为"连续"，并同时勾选"平面视图轴号端点 1"和"平面视图轴号端点 2"，如图 3-19 所示。如果需要对轴网的颜色、填充等信息进行修改，也可以在【类型属性】界面完成。

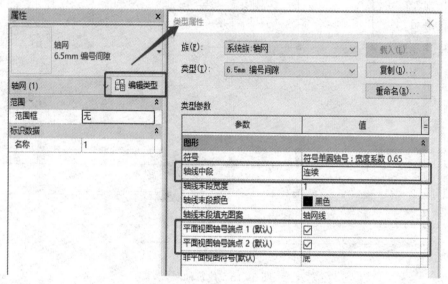

图 3-19　修改轴网类型属性

若个别轴号需要单侧显示，可以选中该轴线。轴线的两端均有一个小方框，且内部有一个☑，如图 3-20 所示。将不需要轴号一侧的方框内取消勾选，就可以隐藏轴号，如图 3-21 所示。

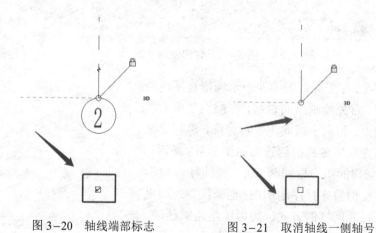

图 3-20　轴线端部标志　　　　图 3-21　取消轴线一侧轴号

创建完成的轴网如图 3-22 所示。

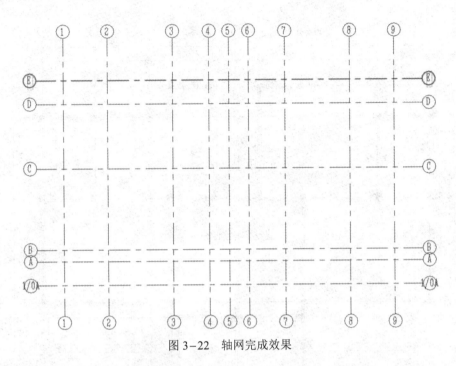

图 3-22　轴网完成效果

　　当完成轴网创建后，建议锁定轴网。通过修改功能选项卡中的"锁定"，实现锁定轴网，防止在建模过程中误操作或移动轴线位置，如图 3-23 所示。

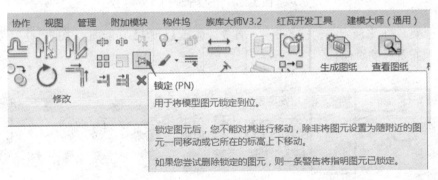

图 3-23　锁定功能

　　至此，标高和轴网创建完毕。

3.2　创建结构柱、梁及配筋

3.2.1　创建结构柱

　　根据如图 3-24 所示的一层平面图，进行结构柱的创建。

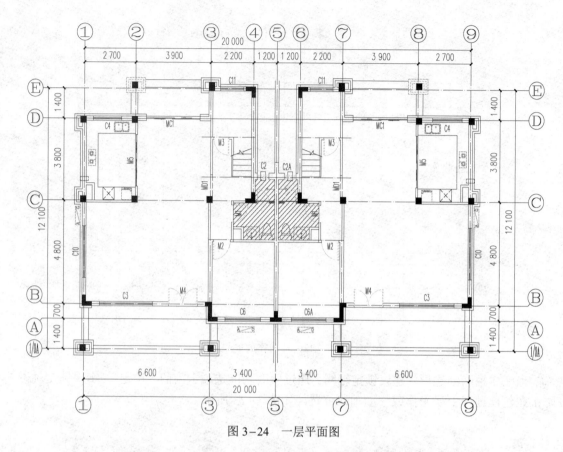

图 3-24　一层平面图

选择框架 KZ1 来演示结构柱的布置。首先，选择【结构】功能面板中的"柱"，如图 3-25 所示，进入布置柱的页面。

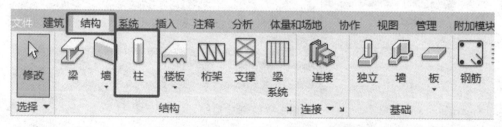

图 3-25　"柱"功能

此时软件会出现默认的柱族，通常是钢柱，不符合图纸要求，需要通过编辑类型来载入混凝土-矩形-柱族。选择柱属性栏中的编辑类型，打开【类型属性】界面，在界面中选择【载入族】按钮，就可以打开 Revit 自带的族库，按照"结构-柱-混凝土"的路径，在文件夹中找到"混凝土-矩形-柱"这个族，选中并选择对话框下方的【打开】，如图 3-26 所示。

打开后，【类型属性】界面中的族就会变成混凝土矩形柱族。载入的族中会自带几种族类型。如此处有"300 x 450mm""450 x 600mm""600 x 750mm"三种，如图 3-27 所示。

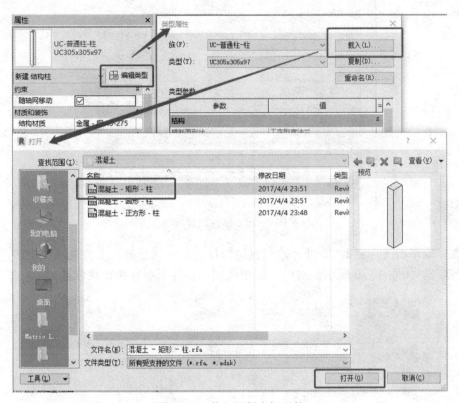

图 3-26　载入混凝土矩形柱

若原有类型可满足使用需求，直接选择类型布置即可；若不满足使用需求，还需要创建新的类型。例如，此处需要尺寸为"300 x 300mm"的柱，首先单击类型右侧的【复制】按钮，复制一个新的族类型，将名称设置为"300 x 300mm"，如图 3-28 所示。族类型的名称设置没有固定要求，一般根据项目要求实行即可。

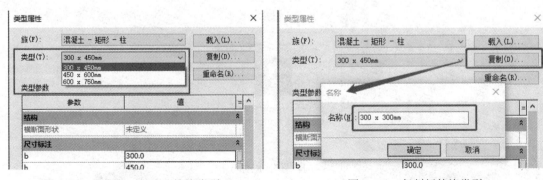

图 3-27　混凝土-矩形-柱族类型　　　　　图 3-28　复制新的族类型

设置完名称，族类型的创建并未结束，还需要将属性参数中的尺寸修改为对应值。此处需要将"b"值与"h"值均修改为 300，如图 3-29 所示。

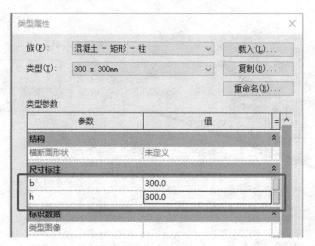

图 3-29　修改族参数

修改完成单击【确定】，即可开始布置结构柱。此时注意将左上角选项栏中的"深度"改为"高度"，如图 3-30 所示。对照一层平面图，将柱子布置在正确位置。

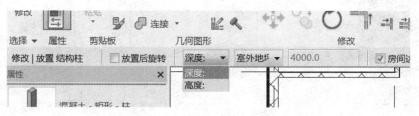

图 3-30　调整"深度"为"高度"

布置时，Revit 会自动捕捉一些原有构件，如轴网，但是仅通过轴网无法将柱子布置在准确的位置上。如图 3-31 所示，柱子中心并非在轴线交点上。但布置时仅能捕捉到轴线交点，此时，可以先将柱子布置于交点处，再利用【修改】功能选项卡中的"对齐""偏移""移动"等命令对柱子的布置位置做精细调整。

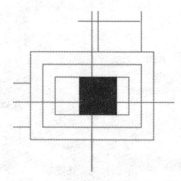

图 3-31　图纸 KZ1 定位

参照图纸中墙厚为 200 mm，柱子尺寸为"300 x 300mm"，外围柱通常外边线与墙边线齐。简单计算可知：柱子中心相对轴网向右侧和上侧各偏移了 50 mm，所以需要将布置好的柱子向上侧和右侧移动 50 mm。选中柱子，功能区会直接变成【修改】选项卡下的功能，单击"移动"命令，如图 3-32 所示。

图 3-32　"移动"命令

需要先选择一个移动参照点，可以选择柱角或中心任意一个可捕捉到的位置。例如，此处选择"右上角"，如图 3-33 所示。选择右上角为参照点后，光标右移并输入数值 50，如图 3-34 所示，完成后按 Enter 键即可移动。

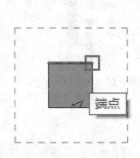

图 3-33　选择参照点

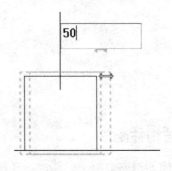

图 3-34　输入移动距离

采用同样的方式，可以再将柱子向上移动 50 mm，具体操作不再赘述。

若项目中存在一些异形柱，同样可以采用载入族方式找到。对于没有的异形柱可以通过创建族来实现，详细步骤可参考第 1 章。

根据图纸柱子的三维图如图 3-35 所示。

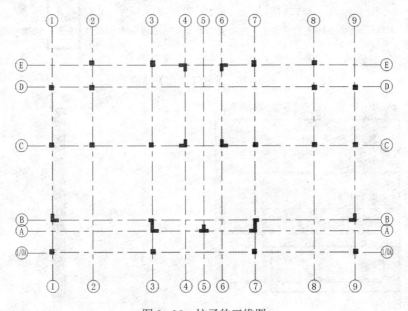

图 3-35　柱子的三维图

41

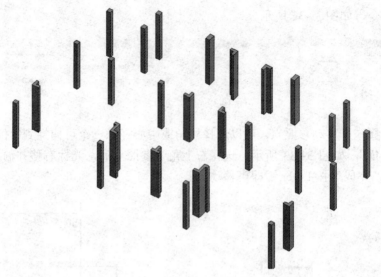

图 3-35　柱子的三维图（续）

3.2.2　结构柱配筋

结构柱为钢筋混凝土结构时，还需要配筋。结构柱的配筋需要创建剖面详图视图，剖面详图视图通常在平面视图和立面视图中创建，通过【项目浏览器】可以将视图切换至东立面视图。在功能区的【视图】选项卡中单击【剖面】，如图 3-36 所示。在左侧属性栏里选择"详图"，如图 3-37 所示，选择完成后任意选择一根柱子，绘制如图 3-38 所示的剖面线，剖面视图便创建完成；【项目浏览器】的视图中会相应增加详图视图。

图 3-36　选择【剖面】功能

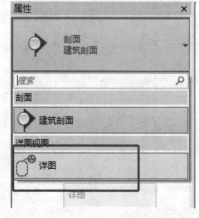

图 3-37　选"详图"族

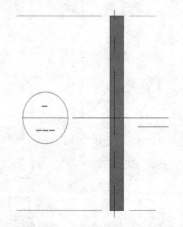

图 3-38　创建柱剖面详图视图

双击【项目浏览器】中的详图或选中详图符号后选择"转到视图"都可以打开如图 3-39 所示的详图视图，图中的小方形即为柱截面。

创建好详图就可以进行钢筋的布置。单击柱截面的边线，软件上部功能栏自动跳转到【修改|结构柱】页面，单击右上角的【钢筋】功能，如图 3-40 所示，弹出关于钢筋形状设置的对话框，单击【确定】，如图 3-41 所示。由于项目初期选用的是建筑样板，未载入结构钢筋，所以随之会弹出"载入钢筋族"的提示框，选择【是】即可，如图 3-42 所示。按照"结构-钢筋形状"的路径，找到钢筋形状族。为方便后续使用，一次可以将所有的钢筋族都选中载入，如图 3-43 所示。

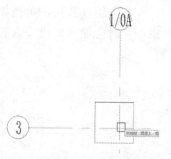

图 3-39　柱详图视图

图 3-40　选择【钢筋】功能

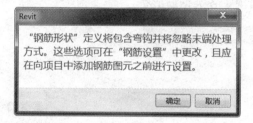

图 3-41　钢筋形状设置对话框

图 3-42　提示载入钢筋族对话框

图 3-43　载入全部钢筋族

载入钢筋族后，页面如图 3-44 所示，当把光标放在柱截面上时，柱截面出现淡绿色方框，同时会显示出已载入的一个钢筋形状，此钢筋形状随光标移动而移动。

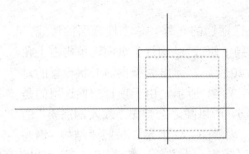

图 3-44　载入钢筋族后的柱截面

为了方便找到钢筋形状，可以打开钢筋形状浏览器。该浏览器位于选项栏中"钢筋形状"后面省略按钮中，如图 3-45 所示。

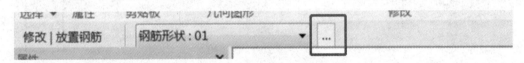

图 3-45　打开钢筋形状浏览器

打开页面如图 3-46 所示，在页面的右侧出现了各类钢筋形状。

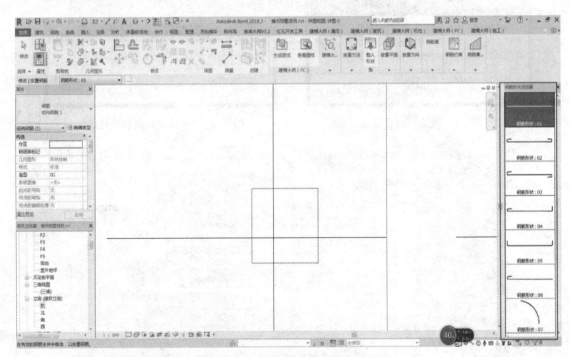

图 3-46　钢筋形状浏览器

通常先布置箍筋，再布置纵向钢筋。在右侧钢筋浏览器中选择"钢筋形状：33"，进行布置，如图 3-47 所示。布置效果如图 3-48 所示。

图 3-47 选择并布置箍筋

箍筋的弯钩方向可以使用空格键进行调整。软件默认了钢筋保护层厚度，在属性栏中也可自行修改。为了让柱子增加箍筋，可以单击功能区中的【钢筋集】。如图 3-49 所示，在下拉栏中更改布置方式，如可以将单根改为"固定数量"，在此将数量改为 35，单击【三维】视图，可以看到箍筋已增加，如图 3-50 所示。

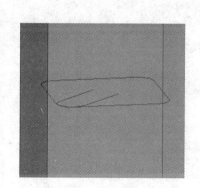

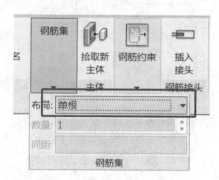

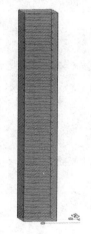

图 3-48 箍筋三维效果　　　　　图 3-49 调整箍筋数量　　　图 3-50 柱箍筋完成效果图

接下来可以布置纵向钢筋。回到剖面详图视图页面，选择【钢筋形状：01】，如图 3-51 所示；并在功能栏将钢筋放置方向改为"垂直于工作平面并垂直于最近的保护层参照放置"，如图 3-52 所示；然后进行放置，放置好的纵筋效果如图 3-53 所示。

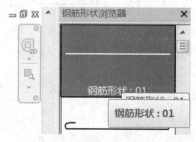

图 3-51 选择纵向钢筋　　　　图 3-52 修改钢筋放置方向

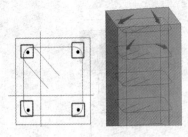

图 3-53　纵筋布置效果

Revit 在三维模式下控制了钢筋的默认显示模式为线框模式；要显示更加真实的钢筋模型，可以先框选柱子整体，此时功能栏中出现【过滤器】按钮，如图 3-54 所示；单击后仅勾选【结构钢筋】，如图 3-55 所示，即可选中钢筋。

找到钢筋属性栏里的【视图可见性状态】一项，打开即可调整钢筋在三维视图中显示为实体，如图 3-56 所示。调整完成后，三维视图中的钢筋实体显示如图 3-57 所示。

图 3-54　【过滤器】的使用功能

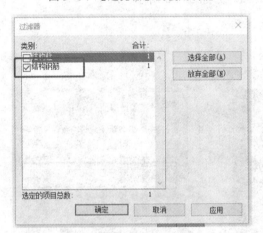

图 3-55　过滤【结构钢筋】

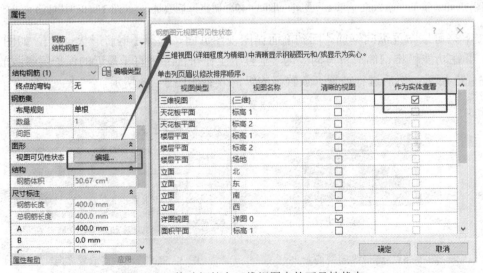

图 3-56　修改钢筋在三维视图中的可见性状态

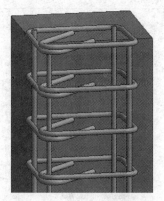

图 3-57 柱钢筋三维实体显示效果图

依照上述操作步骤，可以将结构柱的钢筋都添加完成。

3.2.3 创建结构梁并配筋

根据图纸以 A 轴线和 1 轴、3 轴交点间的框架梁 KL8 为例，演示结构梁的创建及配筋。KL8 尺寸和配筋信息如图 3-58 所示。通常在图纸中，梁图中命名的层数都是结构层的概念，此处创建一层柱顶的梁其参照的为二层梁图。Revit 模型中层同样也是结构层的概念，所以梁的创建需要在 2F 平面视图中进行，视图切换通过项目浏览器完成。

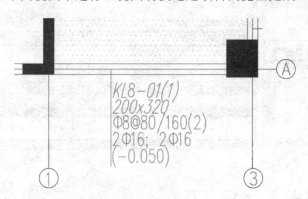

图 3-58 KL8 尺寸和配筋信息图

同创建结构柱类似，在结构功能选项卡中找到"梁"，如图 3-59 所示；单击后软件自动默认为热轧钢梁，不是图纸需要的类型，因此也需要载入梁族，同样是通过编辑类型载入，此处不再赘述。梁族所在路径为"结构-框架-混凝土"，此处需要选择"混凝土-矩形梁"，如图 3-60 所示。

图 3-59 选择"梁"功能

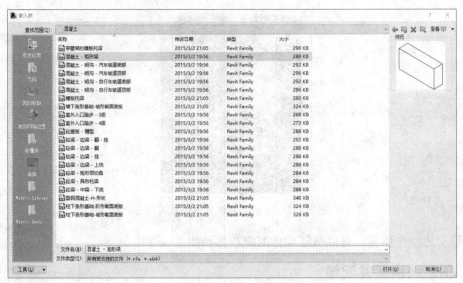

图 3-60　选择"混凝土-矩形梁"

打开梁族后，同样需要通过"复制"的方式增加所需要的族类型，并将其尺寸参数修改为正确值，如图 3-61 所示。

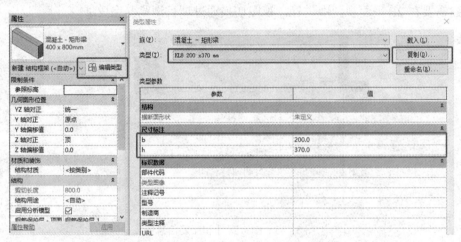

图 3-61　增加梁的族类型

创建完梁族，便可以布置结构梁。单击第一点为梁的起点，第二点为终点，梁的长度可以通过输入数值确定。创建完梁，可能会弹出所创建的梁"不可见"的提示，如图 3-62 所示。

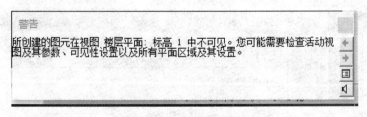

图 3-62　警告提示框

这是因为，梁是以当前标高平面为顶向下方创建的，所以需要调整当前平面的视图范围才可以看到梁。在楼层平面的属性栏中找到【视图范围】按钮，将视图范围中的"底"及"标高"的值改为负值，如此处均改为"-500"，如图 3-63 所示。

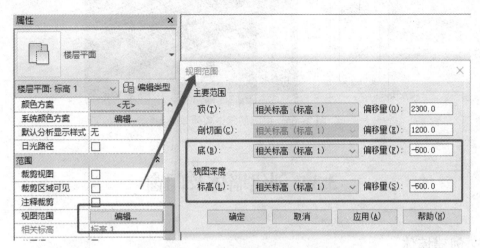

图 3-63　修改平面视图范围

这样，就可以在平面视图中看到梁。创建完成的梁如图 3-64 所示。

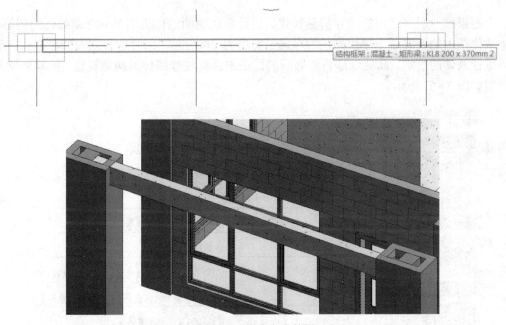

图 3-64　创建完成的梁

按照上述步骤，创建完所有的梁后，也需要对梁进行配筋。梁的配筋与柱的配筋操作方式和步骤相同，此处不再赘述。需要注意的是，柱的剖面详图是在立面视图中进行创建的，而梁的剖面详图直接在其相应的平面视图中创建即可。完成梁配筋效果如图 3-65 所示。

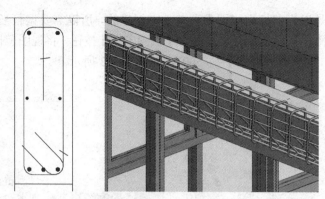

图 3-65　梁配筋三维实体效果图

3.3　创建墙体及门窗

3.3.1　创建墙体

墙体的绘制主要有五种选择，如图 3-66 所示，前三种分别是墙:建筑、墙:结构和面墙，其中，面墙主要用于体量生成墙体；后两种是饰条和分隔条功能，这两种功能一般用于墙体装饰。

下面根据一层平面图的尺寸信息和建筑设计总说明的墙体说明部分介绍如何绘制墙体。本例墙体是由加气混凝土砌块砌筑的，构造宽度为 200 mm，同时结合立面图和材料说明，可以进行具体的绘制。此处以涂料外墙面的做法来讲解软件墙体的构造设置，涂料外墙面做法说明如图 3-67 所示。

图 3-66　墙功能

6.2.1　涂料外墙面:

10厚1:2.5水泥砂浆找平层

中间复合钢丝网

10厚1:2.5防水砂浆找平层（掺5%防水剂）

25厚挤塑聚苯板保温层（根据计算选用厚度）

5厚1:25聚合物抗裂砂浆

压入耐碱玻纤网

满刮防水腻子刷外墙涂料

图 3-67　外墙构造层次做法说明

在此，选择墙功能中的"墙：建筑"，仍然通过属性栏中的【编辑类型】添加所需的墙族。由于墙在 Revit 中是系统族，所以无法载入族，仅可选择"基本墙""层叠墙""幕墙"这三种族。此处，选择"基本墙"，如图 3-68 所示。

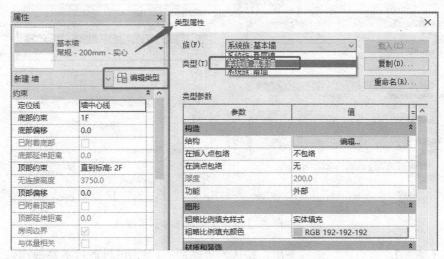

图 3-68　选择"系统族：基本墙"

在基本墙下，创建需要的族类型，依然采用"复制"的方式，命名为"200mm 厚外墙"，如图 3-69 所示。墙体的命名也没有固定形式，通常以便于理解统计的形式命名即可。

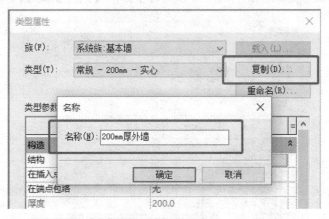

图 3-69　新建墙类型

接下来，需要修改墙体的参数。墙体与后面将讲解的楼板一样都比较特殊，其厚度参数不属于尺寸标注参数，无法直接修改，需要通过结构构造设置来处理。单击构造|结构右侧的【编辑】按钮，打开【编辑部件】页面，如图 3-70 所示。

从图 3-70 中可以发现墙体分为三个部分，通过两个"核心边界"，区分了核心层和上下的包络层。其中第一个核心边界外的为包络上层，指靠近屋外的界面；第二个核心边界外的是包络下层，指靠近屋内的界面，因而在 Revit 里绘制墙体就要注意使用顺时针的顺序，这样才能保证包络上层始终靠外。

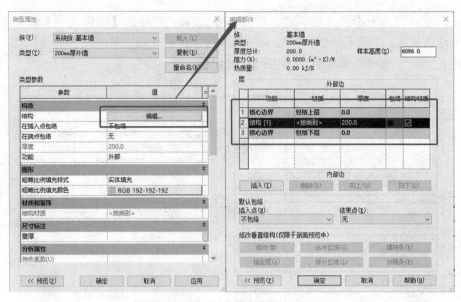

图 3-70　打开墙体【编辑部件】页面

单击【插入】，会自动新建一个层，默认为"结构 [1]"，可以通过下拉选项修改为其他层，如图 3-71 所示。各层功能如下：结构是用于支撑楼板或屋顶的层；衬底是作为其他材质基础的层；保温层/空气层是隔绝空气渗透以保证室内温度的层；涂膜层是隔绝水汽的层，其厚度仅可设置为 0；面层 1 通常是外层；面层 2 通常是内层。在设置各层时，注意要把最外层放置在各层的最上面。各层的顺序可以通过下方的【向上】或【向下】调节。

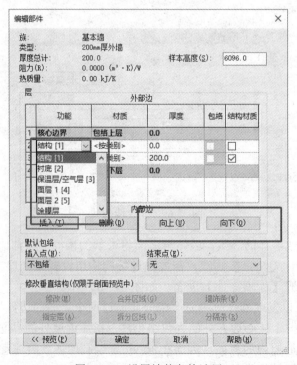

图 3-71　设置墙体各构造层

首先,插入一个水泥砂浆面层。单击【插入】,将功能修改为"面层 1",厚度更改为 10 mm,要为层赋予材质,可以先单击材质栏,然后通过如图 3-72 所示的按钮加载材质库。材质库如图 3-73 所示。

图 3-72　加载材质库按钮

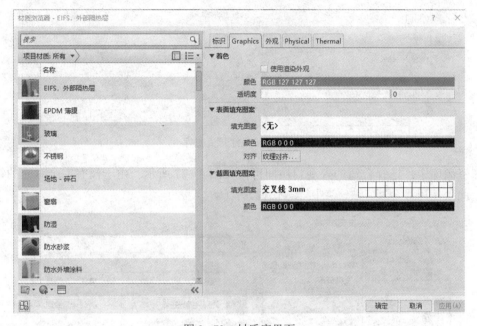

图 3-73　材质库界面

使用材质库左上方的搜索框可以快速搜索当前项目已有的材质。例如,搜索到"防水砂浆",就直接选择使用即可。对于没有的材质可以自己新建,如材质库中没有"复合钢丝网"这一项,可以通过【新建材质】按钮来创建一个材质,如图 3-74 所示。选择【新建材质】按钮,此时材质栏会增加一个"默认为新材质"的材质,对其重命名为"复合钢筋网",如图 3-75 所示。

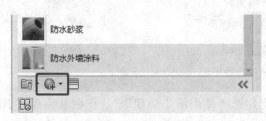

图 3-74　【新建材质】按钮

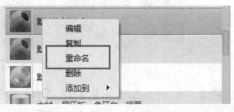

图 3-75　重命名材质

已创建的一个新材质，但是还未对其进行具体的定义，此时需要为材质的外观定义一个资源。如图 3-76 所示，打开资源库。

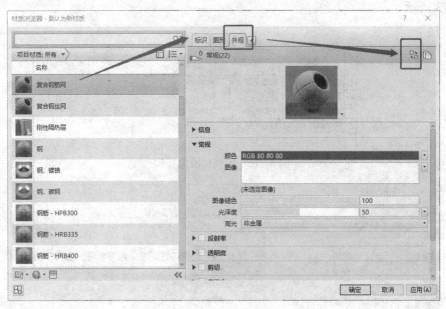

图 3-76　打开资源库

在资源库中，选择合适的外观材质即可，如图 3-77 所示。由于没有完全对应的钢筋网资源，此处使用"金属-铁锈-中等"代替。

图 3-77　选择合适资源

资源替换后，在【图形】选项中，要注意勾选"使用渲染外观"，这样在着色模式下颜色也会进行相应更改，如图 3-78 所示。

图 3-78　勾选【使用渲染外观】

将墙体各层添加好，并赋予其材质后，通过【预览】按钮，可以预览墙体效果，视图选择剖面时更加清晰，添加完结构层的墙体如图 3-79 所示。

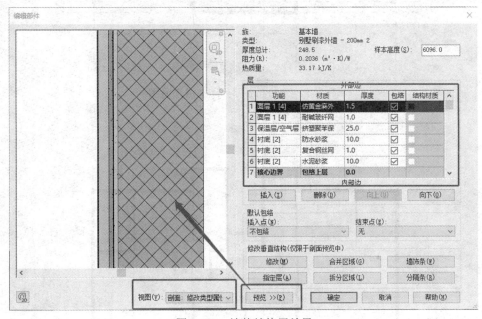

图 3-79　墙体结构层效果

完成结构层的设置后，可以开始绘制墙体。先在墙体属性栏中确定"底部约束"与"顶部约束"，此处绘制一层墙体，所以"底部约束"为"1F"，"顶部约束"为"2F"。由于墙体顶部还有梁，墙实际伸至梁底便结束，所以还需要设置墙体的"顶部偏移"，数值为"-梁高"，此处为"-500.0"，如图 3-80 所示。

设置完成后进行绘制。在绘制时注意按顺时针绘制，按照图纸绘制墙体即可。外墙同类墙体绘制完的平面图如图 3-81 所示。

在完成 200 mm 厚外墙同类墙体后，再根据图纸绘制外墙其他类墙体和内墙墙体，方法与上述绘制类似。一层墙体平面及三维效果如图 3-82 所示。

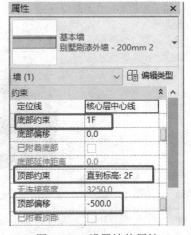

图 3-80　设置墙体属性

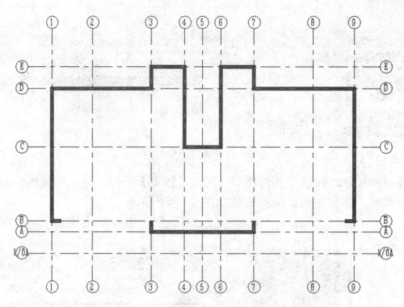

图 3-81　200 mm 厚外墙完成平面图

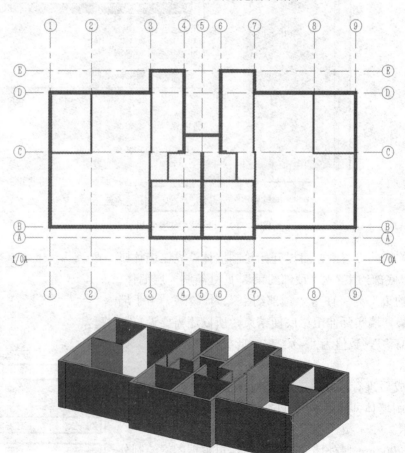

图 3-82　一层墙体平面及三维效果

3.3.2　创建门窗

在 Revit 中门窗是依附于墙体的族，所以只有在已有墙体的情况下，才可以创建门窗。在此，结合图纸先创建门。

如图 3-83 所示，M4 处于 B 轴线与 1 轴、3 轴之间的墙体上。距 3 轴为 650 mm，门的宽度为 1 500 mm，再结合详细门窗表查看该门的高度及材质等信息。如图 3-84 所示，M4 的宽为 1 500 mm，长为 2 430 mm，材质为平开木门，双扇。

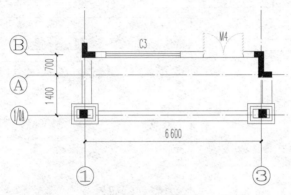

图 3-83　M4 位置图

类别	门窗编号	洞口尺寸(mm)		门窗形式及材质		备注
		宽	高	图集代号及名称	樘数	
门	M1	800	2 200	平开木门(下带百叶)	6	单开，详装修
	M2	900	2 200	平开木门	10	单开，详装修
	M3	800	2 200	平开木门	2	单开，详装修
	M4	1 500	2 430	平开木门	2	双扇，详装修
	M5	2 400	2 250	木质推拉门	2	推拉，详装修

图 3-84　门窗尺寸及材质信息

在【建筑】功能选项卡单击【门】功能，如图 3-85 所示。

图 3-85　选择【门】功能

软件会加载项目中默认的族，通过【编辑类型】来载入符合要求的门族，如图 3-86 所示。根据路径"建筑–门–普通门–平开门–双扇"的路径，可以找到此处需要的双扇平开门，再参照图纸立面效果图，选择外观合适的门，此处选择"双面嵌板玻璃门"。如图3-87所示。

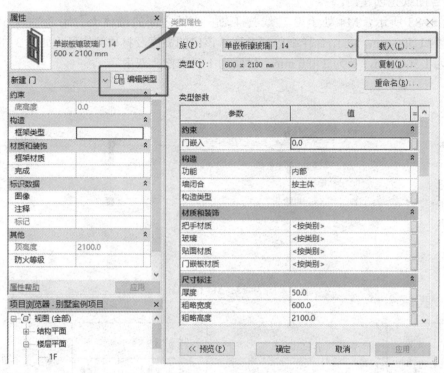

图3-86　载入门族

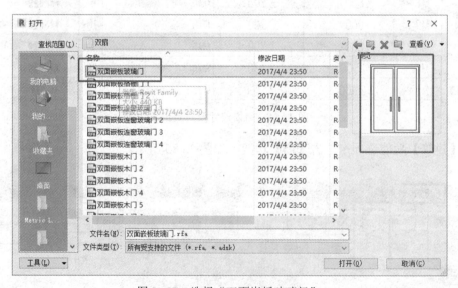

图3-87　选择"双面嵌板玻璃门"

载入门族后，通过复制的形式添加需要的类型。此处，根据门窗表中 M4 的信息命名

为 "M4 1500 x 2430mm",如图 3-88 所示。完成后对尺寸信息也做相应更改,如图 3-89 所示。

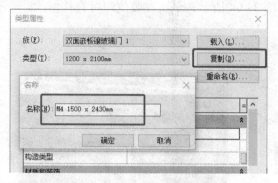

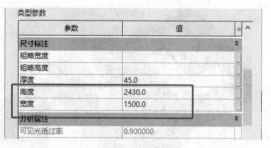

图 3-88 复制新的门类型   图 3-89 修改门参数信息

尺寸修改好以后,找到门大概的位置,单击即可放置,如图 3-90 所示,放置时光标十字形指针所在的位置为门所在的方向。放置后,再来更改尺寸,单击门所在的位置,门的颜色变为蓝色可编辑状态,如图 3-91 所示,单击右下角的数字更改。由于此刻尺寸右边的边界线为墙体线,而墙体总厚度为 200 mm,一半厚度为 100 mm,原图纸上的 M4 距离 3 轴线为 650 mm,因此只需要墙体将尺寸更改为 550 mm 即可。完成后的门位置如图 3-92 所示,其中双向箭头也表示门开口方向,单击箭头可以切换方向。

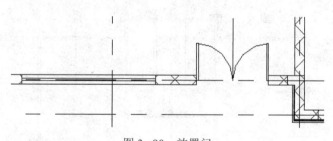

图 3-90 放置门

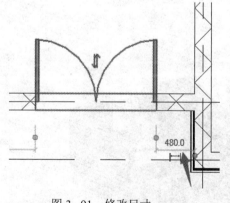

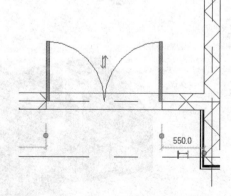

图 3-91 修改尺寸   图 3-92 修改完成效果

一层门布置完成效果即三维效果如图 3-93 所示。

在门布置完后，可以进行窗的布置。窗的布置与门的布置基本类似，同样是载入族、修改尺寸、放置窗户等步骤；稍有不同的是，在放置完成后还要注意修改窗台高度。在三维视图中，选中窗户，就会出现窗台高度参数，如图 3-94 所示。单击参数值即可直接修改。

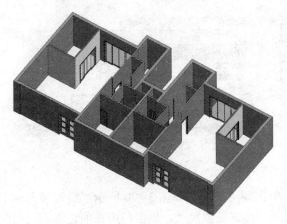

图 3-93　一层门布置三维效果

图 3-94　修改窗台高度

一层窗布置完的平面及三维效果如图 3-95 所示。

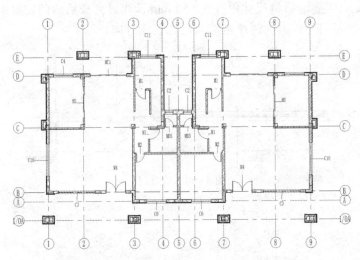

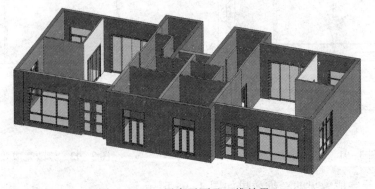

图 3-95　一层窗平面及三维效果

3.4　创建楼板与天花板

3.4.1　创建楼板

在建筑功能选项卡下选择【楼板】功能，可以看到有四项功能，如图 3-96 所示，分别是楼板:建筑、楼板:结构、面楼板及楼板边，前两种是较常用的，面楼板主要在体量里使用，楼板边主要用于楼板边缘的装饰。

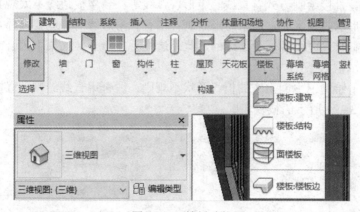

图 3-96　楼板功能

结合建筑图纸的二层平面图，如图 3-97 所示，按照图纸所示标高绘制二层楼板。

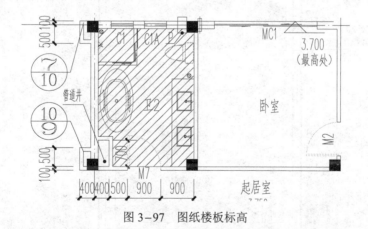

图 3-97　图纸楼板标高

在 2F 楼层平面视图中选择【楼板】|【楼板:建筑】，根据图纸说明，需要使用 150 mm 厚的楼板，默认即有 150 mm 厚的楼板，此处直接选择使用即可。（若要绘制其他厚度的楼板，依然通过【编辑类型】功能实现。要注意的是，楼板与墙体相同，无法直接修改厚度参数，需要通过"结构"层的编辑来实现，此处不在赘述，可参考 3.3.1 节内容。）此时功能栏会出现绘制工具选择框，如图 3-98 所示。

建筑信息模型（BIM）技术与应用

图 3-98　绘制工具选择框

绘制方式主要有两种：一是直接绘制，二是拾取线绘制。在此，选择直接绘制的方式来进行楼板的绘制。直接绘制方式有直线、矩形、弧线等。当楼板边缘不太规整，可以选择直线方式；当楼板形状是矩形时，选用矩形绘制；当有弧形边缘时，就要选择直线、弧线或弧线方式。注意绘制时，边线必须是连续的，此外边线不能重合，如果不闭合或者重合，都会有相应的错误提示框。

此处，先演示绘制卫生间上方的板，形状不规则，适合用直线绘制。直接根据图纸中的情况，绘制如图 3-99 所示的楼板轮廓。

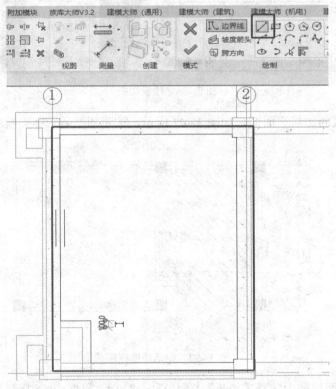

图 3-99　绘制楼板轮廓

绘制完成单击功能区的【√】，即可完成楼板绘制。根据图纸说明，卫生间楼板需要进行 50 mm 的降板，选中楼板后，在左侧属性栏里将"自标高的高度偏移"修改为"−50.0"，如图 3-100 所示，单击【应用】即完成降板的操作。

62

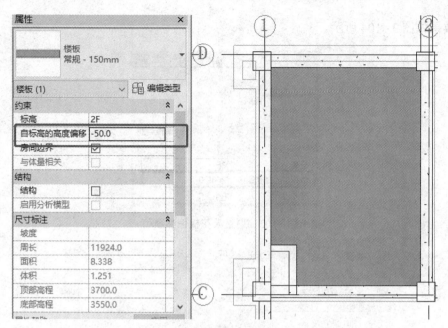

图 3-100　修改楼板偏移量

与此类似，可以绘制其他楼板并调整偏移高度，构件高度根据图纸或设计原则调整。全部绘制好的楼板如图 3-101 所示。

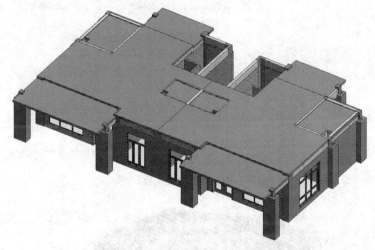

图 3-101　二层楼板绘制完成效果

3.4.2　创建天花板

天花板可以简单地理解为吊顶，其绘制方式与楼板相同。但是需要注意的是，楼板应理解为是每一层的地面层，而天花板是每一层的天花层，所以绘制一层的顶板需要在 2F 平面上，即一层顶板为二层地面层，而绘制一层的天花板要在 1F 平面上。将楼层平面切换到 1F，单击【天花板】，在属性栏中调整天花板的偏移量值，此处设置为"2600.0"（单位为 mm），如图 3-102 所示，紧接着绘制如图 3-103 所示的区域，完成后单击【√】，即可生成天花板。

其三维效果如图 3-104 所示。

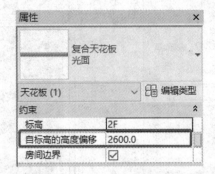

图 3-102　调整天花板偏移量值

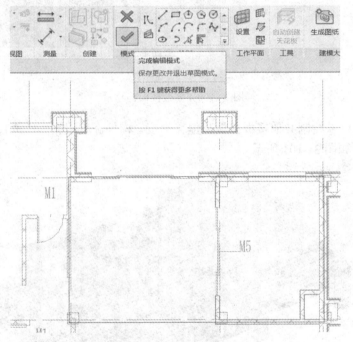

图 3-103　绘制天花板轮廓

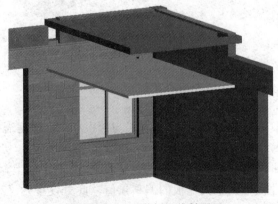

图 3-104　天花板三维效果

3.5 创建楼梯、栏杆及坡道

3.5.1 楼梯创建

楼梯在建筑中起着连接两个楼层之间的作用，因此在创建楼梯时要设置好底标高和顶标高等参数，确保正确连接上下层。创建楼梯时，默认自带扶手，也可以删除。下面结合图纸演示创建楼梯的操作步骤。

楼梯的创建需要通过【建筑】功能选项卡下的【楼梯】功能，如图3-105所示。

图3-105 【楼梯】功能

单击后页面跳转到绘制楼梯页面，功能栏中可以选择索要绘制的楼梯类型，可以绘制直梯、弧形楼梯、螺旋楼梯等，每种楼梯都包含梯段、平台、支座这三种组成部分，如图3-106所示。

图3-106 楼梯绘制功能栏

参照如图3-107所示的图纸，创建一个双跑楼梯，使用【直梯】功能创建。

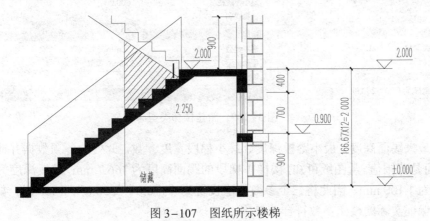

图3-107 图纸所示楼梯

选中【直梯】后，在楼梯属性栏中选择"整体浇筑楼梯"，如图 3-108 所示。

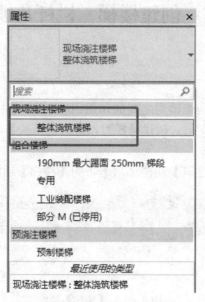

图 3-108　选择"整体浇筑楼梯"

首先，创建一个新的楼梯类型。单击【编辑类型】按钮，复制一个楼梯类型，此处命名为"一层楼梯 1 梯段"，如图 3-109 所示。

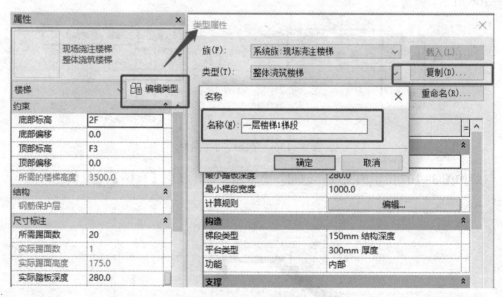

图 3-109　新建楼梯类型

设置最大踢面高度、最小踏板深度、最小梯段宽度参数，此处的各项数据并非楼梯的实际参数，而是范围值。从图纸可知，楼梯 1 梯段的踢面高度为 166.7 mm，踏板深度为 260 mm，梯段宽度为 1 100 mm，因此将三个参数依次设置为"170.0""250.0""1000.0"，如图 3-110 所示，以保证实际的楼梯参数符合该范围。

以上类型参数设置完成后，在属性栏中设置将要绘制的楼梯族的实例参数。由于一层楼梯上、下两个梯段的参数值并不相同，所以需要分两段绘制。首先，设置第一梯段，第一梯段高度为 2 000.0 mm，因此设置"底部标高"为"1F"，"顶部标高"为"无"，"所需的楼梯高度"为"2000.0"，如图 3-111 所示。

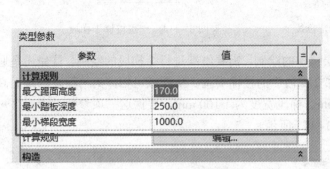

图 3-110　设置楼梯参数

图 3-111　设置第一梯段的约束条件

除此之外，楼梯的"所需踢面数""实际踏板深度""实际梯段宽度"也需要进行确定，"所需踢面数"设置为"12"，"实际踏板深度"设置为"260.0"，"实际梯段宽度"设置为"1100.0"，如图 3-112 所示。属性栏中其实还有"实际踢面高度"的参数信息，但是可以发现，该参数为灰显状态，不可更改，是因为该值是通过梯段的整体高度与踢面数具体换算的。

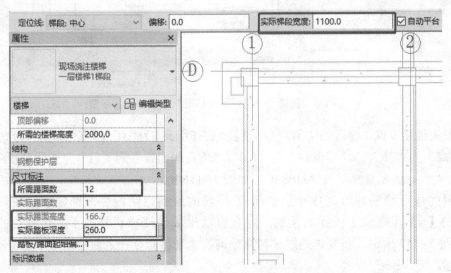

图 3-112　设置楼梯的"所需踢面数""实际踏板深度""实际梯段宽度"

接下来开始绘制。首先在左上角的定位线一栏调整绘制时的定位，此处根据模型实际需要，定位线选择"梯段：左"，如图 3-113 所示，直接绘制即可完成一层楼梯 1 梯段的创建，如图 3-114 所示。

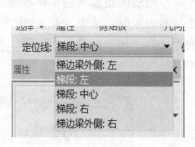

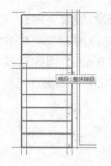

图 3-113　选择楼梯绘制定位线　　　　　图 3-114　一层楼梯 1 梯段

绘制完成 1 梯段后还未结束一层楼梯的绘制，需要继续进行 2 梯段的绘制。首先还是通过【编辑类型】新建一个"一层楼梯 2 梯段"的楼梯类型。从图纸可知，第二梯段的踢面高度为 159.09 mm，踏板深度为 260 mm，梯段宽度为 1 100 mm，根据这三项参数，设置"一层楼梯 2 梯段"的类型参数，如图 3-115 所示。

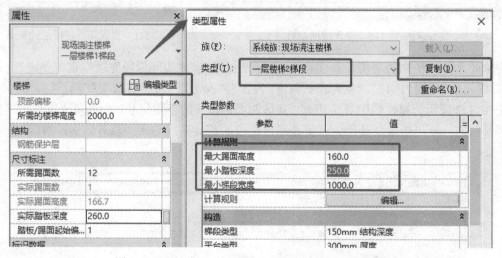

图 3-115　新建"一层楼梯 2 梯段"类型并设置参数

接下来继续设置 2 梯段的实例参数，设置"底部标高"为"1F"，"底部偏移"为"2000.0"，"顶部标高"为"2F"，"顶部偏移"为"0.0"，"所需踢面数"为"11"，"实际踏板深度"为"260.0"，"实际梯段宽度"为"1100.0"，如图 3-116 所示。

设置完成后绘制即可完成一层楼梯 2 梯段的绘制。两段梯段都绘制完成后，单击功能栏的【√】即完成了楼梯的绘制，并且自动生成了楼梯栏杆扶手。绘制好的楼梯平面图如图 3-117 所示，需要再通过平移命令调整。平移命令在之前的章节中已讲解过，此处不赘述。

在查看三维视图时，若看不到楼梯的内部，可以在三维视图属性栏中勾选"剖面框"，如图 3-118 所示。勾选后，三维视图中会出现一个立体的线框。选中线框，可以拉伸各个面的裁剪位置，将剖面框拉至合适的位置。调整后通过三维视图查看，发现楼梯的扶手不符合要求，可以删除。删除扶手后楼梯如图 3-119 所示。

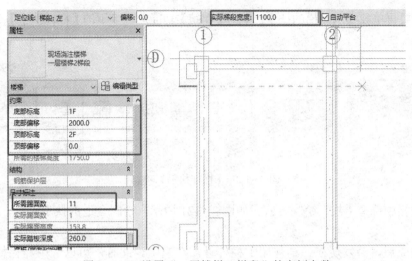

图 3-116　设置"一层楼梯 2 梯段"的实例参数

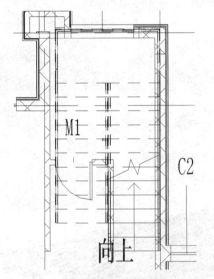

图 3-117　楼梯平面图

图 3-118　勾选剖面框

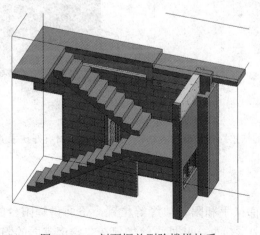

图 3-119　剖面框并删除楼梯扶手

此时需要再单独绘制楼梯的扶手。单击【建筑】功能选项卡下的【栏杆扶手】，如图 3-120 所示。

图 3-120 【栏杆扶手】功能

在功能栏中选择"线"绘制方式，如图 3-121 所示，绘制合适的扶手路径，如图 3-122 所示。

绘制完成后，会发现在三维视图中栏杆悬浮在空中。此时，可以选中"栏杆"，单击功能区的【拾取新主体】后再选择【楼梯】，将扶手重新附着到楼梯上。附着好扶手的楼梯如图 3-123 所示。

图 3-121 选择"线"绘制方式

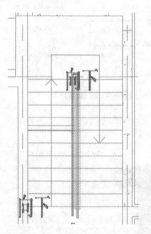

图 3-122 绘制的扶手路径

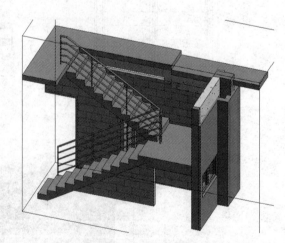

图 3-123 附着好扶手的楼梯完成图

3.5.2 栏杆的创建

栏杆主要存在于楼梯扶手和阳台边缘等位置，下面讲解阳台的栏杆创建。如图 3-124 所示，是已大体完成的别墅模型，此处讲解如何在二楼南立面的阳台上添加栏杆。

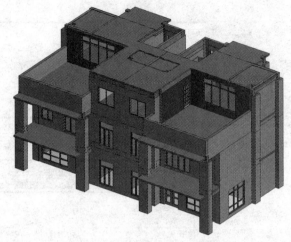

图 3-124　别墅初步模型

首先将楼层平面切换到 2F 平面，在阳台位置处绘制栏杆。单击【栏杆扶手】功能，选择【绘制路径】，如图 3-125 所示。

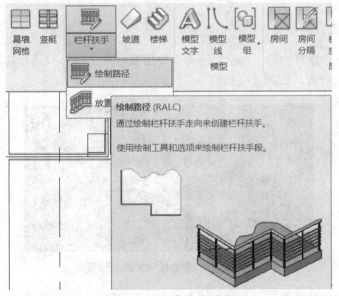

图 3-125　选择【绘制路径】

接下来就同绘制楼梯扶手一样，选择"线"绘制方式，在阳台合适位置绘制出栏杆的路径。绘制完成效果的阳台栏杆如图 3-126 所示。

绘制完成后，还可以通过【编辑类型】功能，编辑栏杆的造型。"扶栏结构"可以调整横向扶手的间距根数，"栏杆位置"可以调整竖向栏杆的间距、族类型等，如图 3-127 所示。具体操作可作为拓展练习。

图 3-126　阳台栏杆

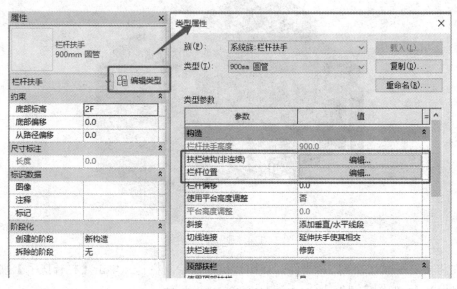

图 3-127　编辑栏杆造型

3.5.3　坡道创建

在一些情况下，建筑物除了台阶，还需要增加坡道来实现一些通行功能。本处在室外台阶的左侧绘制一个坡道，如图 3-128 所示。

图 3-128　所需绘制的坡道位置

在【建筑】功能选项卡下选择【坡道】功能，如图 3-129 所示。

图 3-129　选择【坡道】功能

通过【编辑类型】可以新建一个坡道的类型，并设置坡道的厚度、坡度、最大斜坡长度等参数。此处，直接采用默认值，如图 3-130 所示。

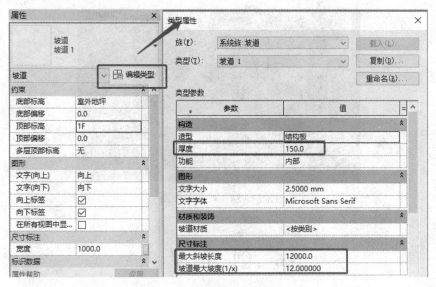

图 3-130　设置坡道类型参数

类型参数设置完成后，继续设置实例参数。在坡道属性栏中设置坡道的约束条件，设置"底部标高"为"室外地坪"，"顶部标高"为"1F"，如图 3-131所示。

设置完成后，在合适的位置绘制坡道即可，如图 3-132 所示。绘制完成的坡道若位置不合适，也可以通过"移动"功能来进行调整。绘制完成的坡道效果如图 3-133 所示。

图 3-131　设置坡道约束条件

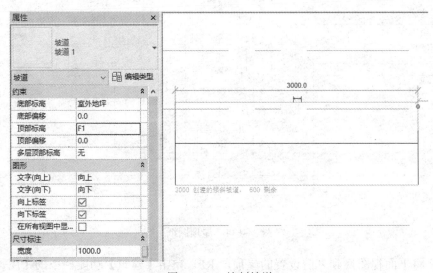

图 3-132　绘制坡道

图 3-133　坡道效果图

3.6　创建屋顶

屋顶是建筑物重要的组成部分，主要起到分流和汇集雨水的作用。在创建时需要参照原图纸，包括立面图和屋顶层平面图等。本建筑屋顶图纸如图 3-134 所示，根据图纸，创建屋顶模型。

图 3-134　屋顶图纸

首先，将平面视图换到之前设置的屋顶层 RF。单击【建筑】功能栏下的【屋顶】，可以看到屋顶功能分为“迹线屋顶”“拉伸屋顶”“面屋顶”“屋檐：底板”“屋顶：封檐板”“屋

顶：檐槽"，如图 3-135 所示。前两种功能使用较多；"面屋顶"主要用在体量创建部分；"屋檐：底板""屋顶：封檐板""屋顶：檐槽"，这三种功能主要用在屋顶装饰部分。

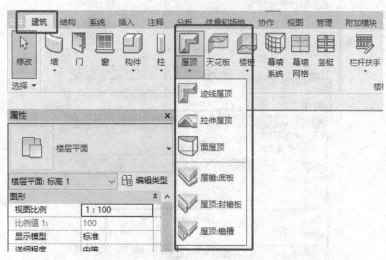

图 3-135　"屋顶"功能

"拉伸屋顶"与第 2 章中所提到的"族拉伸"创建方式类似，此处不做详细讲解；通过【迹线屋顶】绘制。首先，通过【编辑类型】创建一个"别墅屋顶"的族类型，如图 3-136 所示。

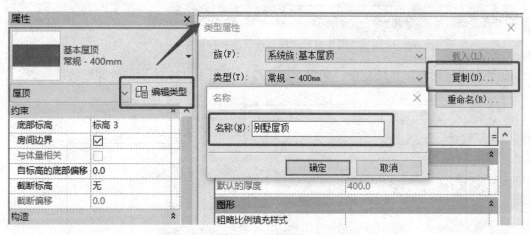

图 3-136　新建"别墅屋顶"族类型

屋顶与楼板类似，厚度需要通过结构进行定义，此处由于图纸无明确规定，直接采用默认厚度 400 mm；另外，若有模型有分析需求，可以给屋顶定义"吸收率"和"粗糙度"，此处不作要求，仍采用默认设置。别墅屋顶类型参数如图 3-137 所示。

类型参数修改完成后，绘制屋顶轮廓线，在选项栏中可以设置屋顶"悬挑"值。需要注意的是，选项栏中的"定义坡度"选项需要勾选，因为此处绘制的是坡屋顶，此处设置情况如图 3-138 所示。

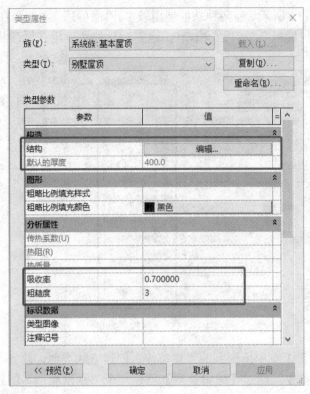

图 3-137　别墅屋顶类型参数

图 3-138　屋顶坡度及悬挑设置

此处由于屋顶轮廓线较复杂，采用"线"绘制如图 3-139 所示的轮廓形状。

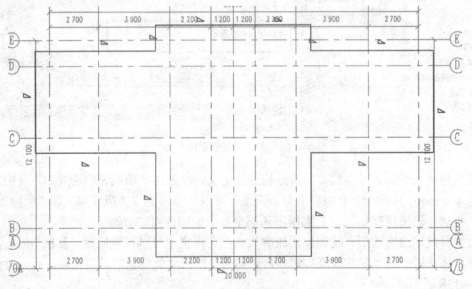

图 3-139　屋顶轮廓

绘制完成后单击功能栏中的【√】即可生成屋顶。生成的屋顶平面及三维效果如图 3-140 所示。

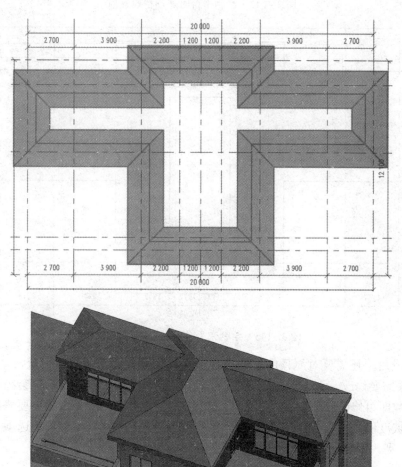

图 3-140　生成的屋顶平面及三维效果

　　原图纸中屋顶中间为放置太阳能设备的平屋顶，需要对中间进行更改。重新切换至 RF 楼层平面，选中已经创建的屋顶后进入【修改 | 屋顶】，单击功能栏中的【编辑迹线】，如图 3-141 所示。用矩形框绘制出中线平台区域，但注意此处绘制的迹线不应带有坡度，且不存在悬挑，所以要将选项栏中的"定义坡度"选项取消勾选，"悬挑"值也设置为"0.0"，如图 3-142 所示，绘制完平台区域后屋顶迹线如图 3-143 所示。

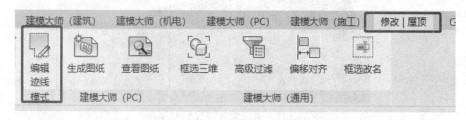

图 3-141　【编辑迹线】功能

图 3–142　绘制平台时选项栏设置值

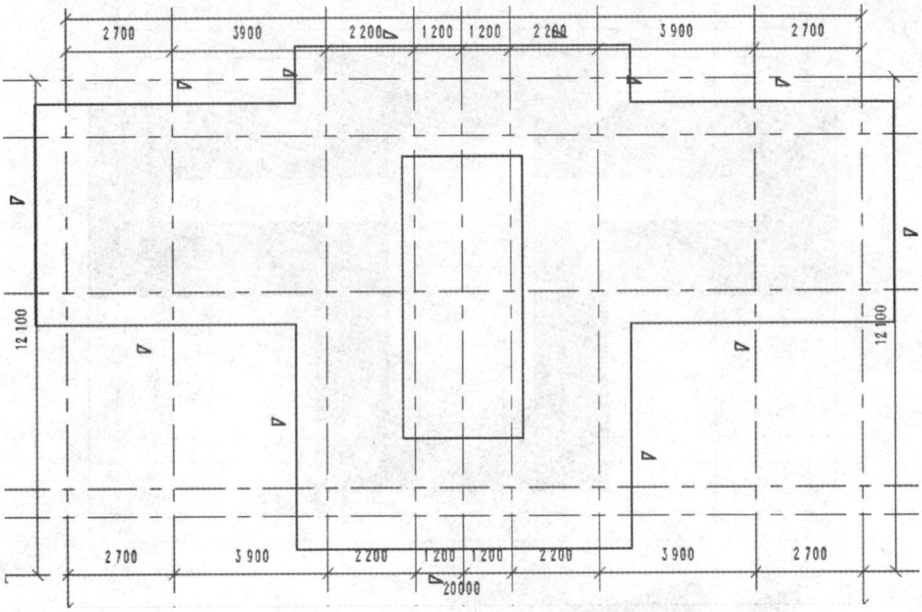

图 3–143　绘制完平台区域后屋顶迹线

绘制完成后，还需要对屋顶的坡度进行定义。如果直接采用默认设置，坡度值统一为 30.00°；如果需要修改，可以选中屋顶的某条迹线，此时迹线坡度符号旁便会出现坡度参数，单击坡度参数即可修改屋顶坡度，如图 3–144 所示。需要注意的是，如果要修改为无坡度，不能采用将坡度值修改为“0.00”的方式，必须要通过选项栏【定义坡度】选项来进行调整。

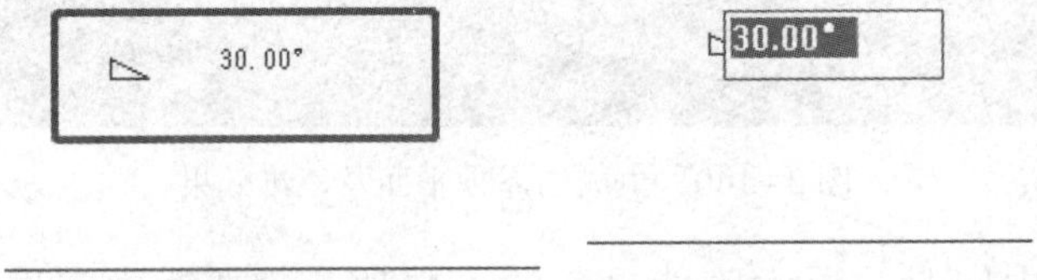

图 3–144　修改屋顶迹线坡度

修改完成后，单击功能栏中的【√】即可完成屋顶创建，效果如图 3–145 所示。

图 3–145　重新编辑迹线后的屋顶

至此楼梯还未绘制结束，需要再将中部的平台补齐。仍然通过【迹线屋顶】功能，绘制矩形平台区域，注意不勾选"定义坡度"，绘制完成后调整平台高度与缺口处统一。屋顶最终创建效果如图 3-146 所示。

图 3-146　屋顶最终创建效果

3.7　创建雨篷和天窗

3.7.1　创建雨篷

雨篷按材质分为塑料雨篷、钢材雨篷、玻璃雨篷等。使用 Revit 创建雨篷方式也较多，可以选择族创建，也可以选择体量创建，还可以运用【屋顶】中【迹线屋顶】族中的【玻璃斜窗】，此处采用【玻璃斜窗】的方式来创建玻璃雨篷。

单击【屋顶】，选择【迹线屋顶】，在族下拉选项中找到【玻璃斜窗】，如图 3-147 所示。

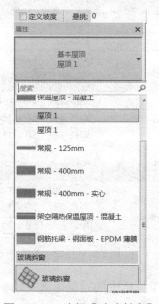

图 3-147　选择【玻璃斜窗】

选中后，采用【编辑类型】的方式新建一个"别墅雨篷"的族类型。如图 3-148 所示。

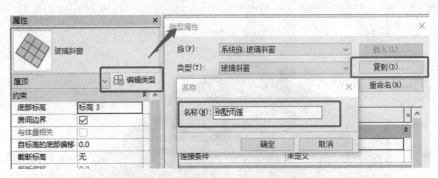

图 3-148　新建"别墅雨篷"族

新建完成后，对"别墅雨篷"的类型参数做具体调整，幕墙嵌板、网格 1、网格 2、网格 1 竖梃、网格 2 竖梃的具体参数如图 3-149 所示。由于玻璃斜窗其性质同幕墙，具体参数的含义将在 3.8 节中做具体讲解。

类型参数		
参数	**值**	=
构造		⌃
幕墙嵌板	系统嵌板：玻璃	
连接条件	边界和网格 1 连续	
网格 1		⌃
布局	固定距离	
间距	1500.0	
调整竖梃尺寸	☑	
网格 2		⌃
布局	固定距离	
间距	1500.0	
调整竖梃尺寸	☑	
网格 1 竖梃		⌃
内部类型	矩形竖梃：30mm 正方形	
边界 1 类型	矩形竖梃：50 x 150mm	
边界 2 类型	矩形竖梃：50 x 150mm	
网格 2 竖梃		⌃
内部类型	矩形竖梃：30mm 正方形	
边界 1 类型	矩形竖梃：50 x 150mm	
边界 2 类型	矩形竖梃：50 x 150mm	

图 3-149　"别墅雨篷"类型参数

设置完成后，利用【绘制】工具栏中的绘制形式，绘制出雨篷的轮廓即可，如图 3-150所示。

图 3-150　绘制雨篷轮廓

绘制完成后，单击功能栏中的【√】，即可完成雨篷创建。雨篷效果如图 3-151 所示。

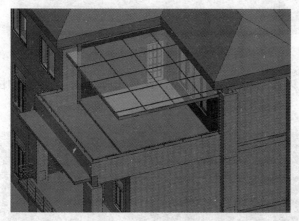

图 3-151　雨篷效果

3.7.2　创建天窗

天窗类型多种多样。如果创建的是平面的天窗则可以参考前面的创建雨篷；如果创建的是斜屋顶上的天窗则需要自己创建窗族，族的创建可参考第 2 章具体内容。除了平屋顶天窗和斜屋顶天窗外，还有老虎窗。老虎窗的创建需要先绘制两个垂直的屋顶，在此选择【拉伸屋顶】来创建，将视图切换立面视图，具体哪个立面视图以实际需要为准，此处选择"南立面"。单击【拉伸屋顶】后会弹出如图 3-152 所示的对话框，要求选择工作平面，按照默认选择"拾取一个平面"，并在模型中选择一个就近的水平构件即可，此处选择楼板。

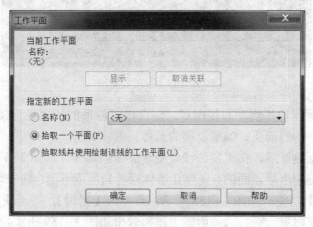

图 3-152　选择工作平面

还需要选择屋顶的参照标高与偏移，如图 3-153 所示。参照标高值与偏移量值均根据所需创建的老虎窗位置来确定，当然，也可以绘制完成后再做调整。此处参照标高选择 RF，偏移量值暂按默认值 0.0。

图 3-153　屋顶参照标高及偏移设置

设置完成后，可以绘制屋顶截面路径，此处选择"线"，绘制如图 3-154 所示的截面路径。

图 3-154　屋顶截面路径

绘制好后单击功能栏的【√】，即可生成屋顶，如图 3-155 所示。

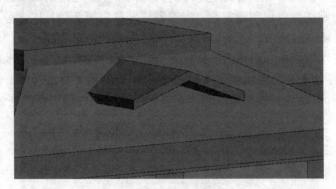

图 3-155　屋顶效果图

由于是拉伸屋顶，切换到平面视图后，还可以对屋顶的长度进行拉伸。如图 3-156 所示，可以拉伸左右两侧的箭头，调整屋顶的具体长度。

在垂直的屋顶创建好后，在屋顶边缘绘制老虎窗的墙体，如图 3-157 所示。

此时墙体顶部是超出屋顶面的，需要让墙体附着到屋顶下面。选中墙体后单击功能栏中的【附着顶部/底部】功能，如图 3-158 所示；再单击【屋顶】，即可使墙体附着到屋顶上。每段墙体均按此操作附着一遍。墙体附着至屋顶效果如图 3-159 所示。

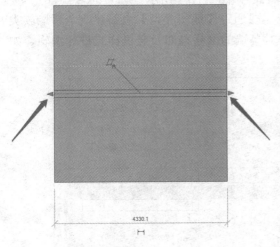

图 3-156　拉伸屋顶

图 3-157　绘制老虎窗墙体

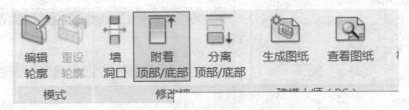

图 3-158　【附着到顶部/底部】功能

　　按照布置窗的方式，布置一面合适的窗户即可完成老虎窗的创建。老虎窗效果图如图 3-160 所示。

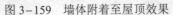

图 3-159　墙体附着至屋顶效果

图 3-160　老虎窗效果图

3.8　创建幕墙

　　幕墙在 Revit 中实际从属于墙体，因此与普通墙体的绘制方式一致，但因其有网格分布，所以较为特殊，需要单独讲解。首先在【建筑】功能选项卡下单击【墙】，左侧属性栏会出现默认的族，通过其下拉选项，可以找到【幕墙】，如图 3-161 所示。

若创建的模型中存在不同造型的幕墙，也需要通过【编辑类型】来新建一个幕墙族类型。此处仅演示，采用默认幕墙族。接下来，对幕墙的网格分布及竖梃样式进行编辑，如图 3-162 所示。

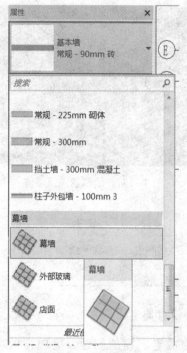

图 3-161 【幕墙】选项

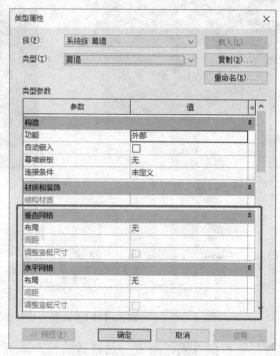

图 3-162 幕墙类型参数

默认垂直与水平网格布局都是"无"的状态；如果直接绘制，就是一堵玻璃墙，效果如图 3-163 所示。

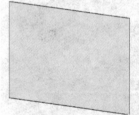

图 3-163 默认幕墙样式

通常建筑物幕墙都有网格分布，需要对垂直向和水平向的网格进行设置。网格布局分为四种，依次为"固定距离""固定数量""最大间距""最小间距"，如图 3-164 所示。"固定距离"指网格间距是固定的，根据整体长度及固定的间距自动排布网格；"固定数量"指网格格数固定，根据整体长度及数量自动调整分布网形式；"最大间距"指在不超过设置间距值的情况下自动排布；"最小间距"与"最大间距"相反。

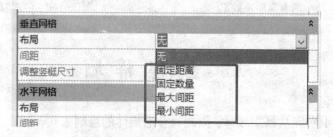

图 3-164 网格布局形式

选择需要的布局形式，选择后需要对下方数据也做调整。选择"固定距离"则输入距离值，选择"固定数量"则输入数量值，其余类似。此处选择"固定距离"，设置"间距"为"1500.0"，除此之外，可以勾选"调整竖梃尺寸"，这样会根据具体的排布情况自动地微调竖梃尺寸。设置参数如图 3-165 所示。水平网格原理相同，不再赘述。

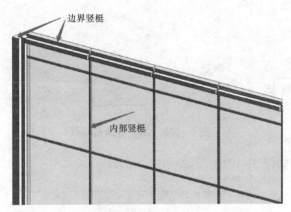

图 3-165　设置网格参数

布局设置完成，需要设置竖梃样式。"竖梃"指的是幕墙网格分割处的分割构件，具体形式如图 3-166 所示。

图 3-166　竖梃形式

竖梃造型栏中直接下拉就可以看到一些默认的竖梃族；如果还需其他造型也可以通过载入族或创建族的方式来进行添加，此处不做详述。竖梃参数如图 3-167 所示。根据该参数，生成的幕墙效果如图 3-168 所示。

图 3-167　竖梃参数　　　　图 3-168　幕墙效果

关于幕墙的高度，在属性栏中可以直接调整，与普通墙体相同。

直接通过参数设置所划分的幕墙网格可能有时并不能达到实际使用需要，也可以直接不做参数设置，先绘制一块玻璃墙体（可参照 图 3-163）。绘制完成后使用【建筑】功能栏下的【幕墙网格】功能，手动添加网格分隔线，如图 3-169 所示。

图 3-169 【幕墙网格】功能

此时光标放置于幕墙的某一边线时，即可开始划分网格，如图 3-170 所示。任意放置后可以通过选中分隔线修改两边参数值的方式进行分隔线的精确定位。

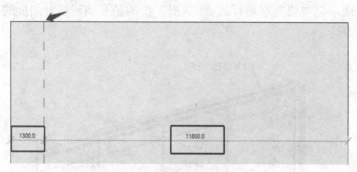

图 3-170 添加幕墙网格线

此处任意分割成如图 3-171 所示的布局。

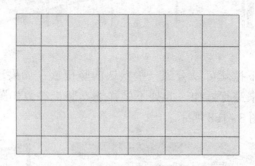

图 3-171 幕墙分割形式

分割完成可以直接往内部分割线或外部变现上添加竖梃。在【建筑】功能栏下选择【竖梃】功能，即会加载默认竖梃族，如图 3-172 所示。

图 3-172 【竖梃】功能

在属性栏中下拉族选项，也可以找到各种竖梃族；同样也可以采用载入族的方式进行添加，如图 3-173 所示。选择某一竖梃族后，放置于分割线或边线上即可完成竖梃添加，如图 3-174 所示。

图 3-173　选择竖梃族

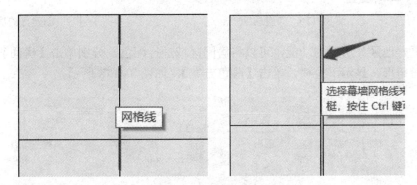

图 3-174　放置竖梃

按照类似步骤，将所有竖梃补齐即完成了幕墙的创建。

3.9　房间布置与装饰

3.9.1　房间的布置

房间布置指的是对房间各区域进行标记，方便出平面图。通过【建筑】功能栏下的【房间】功能实现，如图 3-175 所示。应当注意的是，房间布置需要在平面视图中进行。

图 3-175 【房间】功能

单击【房间】功能后，光标指针移动到平面的封闭区域上，出现如图 3-176 所示的房间符号，单击即可完成房间的布置。

房间的名称在布置完成后，可以进行修改，直接输入所需房间名进行操作即可。对于一些没有边界的房间或者个人想将一块封闭区域分割为两块区域的房间，可以使用【房间分隔】功能进行划分，此时创建好的房间如图 3-177 所示。

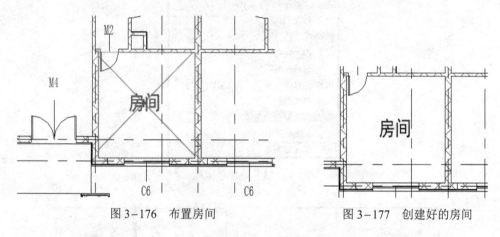

图 3-176 布置房间   图 3-177 创建好的房间

为了更好地区分房间的功能，可以将房间区域进行配色。分别单击【房间】和【面积】下方的小三角形，显示下拉栏，单击【颜色方案】，如图 3-178 所示。

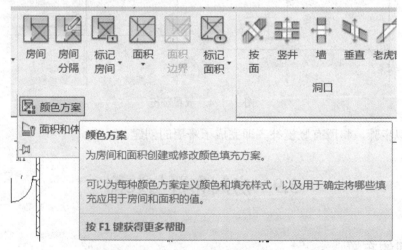

图 3-178 选择颜色方案

在弹出的【编辑颜色方案】对话框中将类别选为"房间"，颜色选为"名称"，软件会弹出【不保留颜色】对话框，单击【确定】即可，如图 3-179 所示。

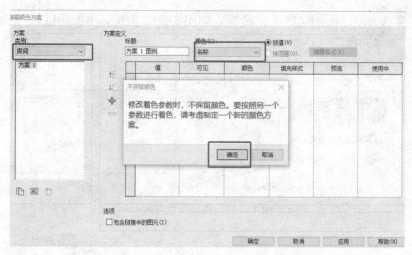

图 3-179　【编辑颜色方案】对话框

修改完成后，已有的房间类型自动创建一个颜色方案，如图 3-180 所示。

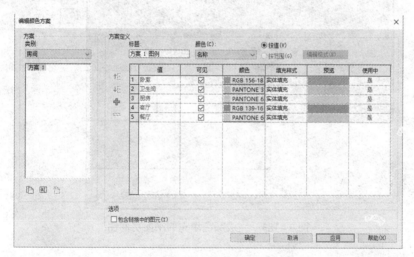

图 3-180　自动生成的颜色方案

可以直接采用默认的颜色方案，也可以通过颜色选项自行修改为其他颜色。此处直接采用默认颜色，设置完成单击【确定】即可。但是在布置平面图中房间的标记颜色并未发生修改，此时还需要通过【注释】功能选项卡下的【颜色填充图例】功能来实现颜色填充，如图 3-181 所示。

图 3-181　【颜色填充图例】功能

单击该功能后会出现一个"没有向视图指定颜色方案"，这是图例标志，可以选中空白区域单击放置，放置后会弹出【选择空间类型和颜色方案】的对话框，将空间类型选为"房间"，颜色方案选为刚刚所创建的"方案 1"，如图 3-182 所示。单击确定后，平面视图下颜色填充完成，效果如图 3-183 所示。

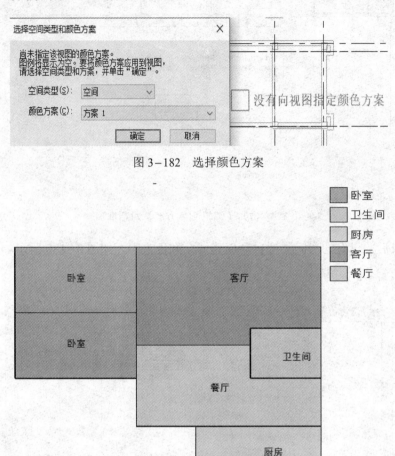

图 3-182　选择颜色方案

图 3-183　完成颜色填充的平面房间图

3.9.2　房间的装饰

房间的装饰有墙地面的装饰及家具的布置。对于墙地面的装饰，可以通过墙体和楼板的结构层编辑来实现，此处主要讲解家具的布置。在房间里布置家具，可以通过【建筑】功能栏下的【放置构件】功能实现，如图 3-184 所示。

图 3-184　【放置构件】功能

选择放置构件，此时属性栏会出现一个默认的家具族。通过【编辑类型】可以载入其他族，家具族通常在路径"建筑-家具-3D"下，此处载入一个"床"，如图 3-185 所示。

图 3-185　载入"床"

载入后直接布置即可。在三维视图或平面视图中均可进行布置，放置完成也可以通过【移动】等命令来调整位置。通过相同的方式可以再布置其他家具，家具布置效果如图 3-186 所示。

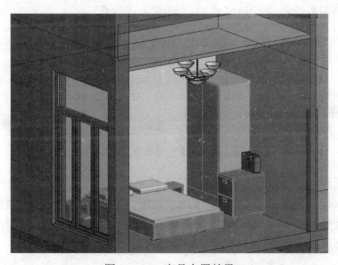

图 3-186　家具布置效果

3.10 创 建 场 地

3.10.1 创建地形表面

场地的创建基本上包括创建地形表面、建筑地坪、场地道路等。此处先创建如图 3-187 所示的别墅地形。

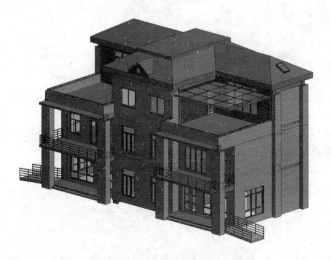

图 3-187 需要创建场地的别墅地形模型

创建地形表面有两种方式：一种是放置高程点，另一种是导入测量的地形文件，此处采用放置高程点的方式。通过项目浏览器将视图切换至【场地】视图，使用【体量和场地】功能栏下的【地形表面】功能进行地形绘制，如图 3-188 所示。

图 3-188 【地形表面】功能

单击该功能后进入布置高程点页面。在布置高程点时要注意将选项栏中的高程改为室外实际的高程。本模型室外高程为 -300 mm，如图 3-189 所示；将场地最外围的轮廓点放置完成即可，此处绘制矩形场地，则布置矩形四个角点，布置完成后单击功能栏中的【√】便可完成场地创建，创建完的场地如图 3-190 所示。

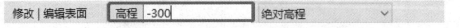

图 3-189 修改选项栏中的"高程"值

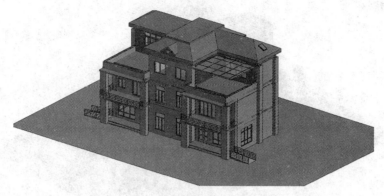

图 3-190　创建完的场地

对于场地的材质可以通过属性栏里的"材质"进行选择，如图 3-191 所示。

图 3-191　修改场地材质

通过创建新材质的方式，添加一种"草地"材质，并选择合适的资源，如图 3-192 所示。修改完材质的草地场地效果如图 3-193 所示。

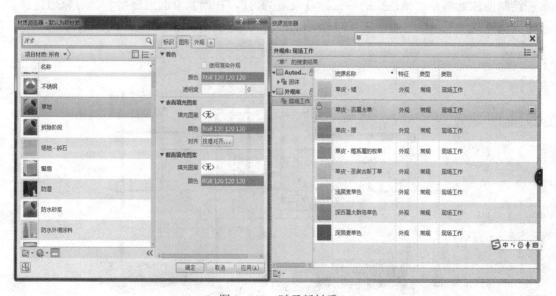

图 3-192　赋予新材质

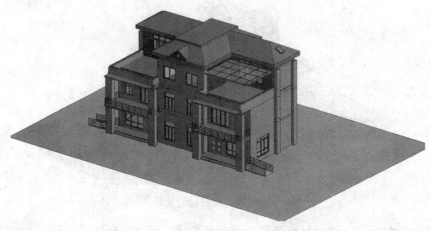

图 3–193   草坪场地效果图

3.10.2   创建建筑地坪

地形创建完成后，才可以创建建筑地坪，因为建筑地坪必须依附于场地之上。在【体量和场地】功能栏下单击【建筑地坪】功能，如图 3–194 所示。

图 3–194   【建筑地坪】功能

绘制前注意将左侧属性栏的约束标高设置为 1F，在绘制页面进行绘制，可以通过直线和拾取线方式绘制，绘制如图 3–195 所示的地坪轮廓，生成后的地坪效果如图 3–196 所示。

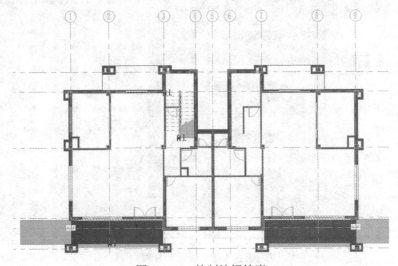

图 3–195   绘制地坪轮廓

图 3−196　地坪效果

通过【建筑地坪】功能，还可以创建小路，新建一个"路"的族类型并赋予材质即可，绘制完成的道路效果如图 3−197 所示。

图 3−197　道路效果图

此外，还可布置树木等物体，布置方式选择【场地构件】，配景效果如图 3−198 所示。

图 3−198　配景效果图

建筑信息模型（BIM）技术与应用

3.11　明细表及模型输出

3.11.1　创建明细表

创建明细表需要用到【视图】功能选项栏目下的【明细表】功能，如图 3-199 所示。下面演示如何创建门的明细表。

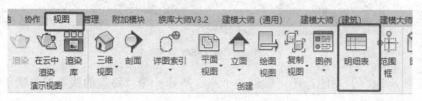

图 3-199　【明细表】功能

单击【明细表】功能下拉想中的【明细表：数量】功能，会弹出【新建明细表】对话框。此处创建门的明细表，因此类别选择"门"，名称修改为"门明细表"，如图 3-200 所示。

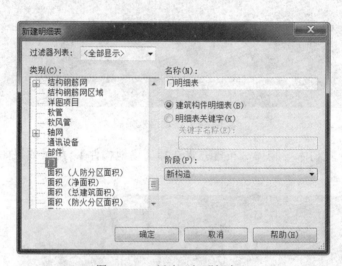

图 3-200　新建"门明细表"

单击【确定】，对话框跳转到【明细表属性】界面，可以选择需要统计于明细表中的信息。选择"族与类型""宽度""高度""合计"这几个字段，单击绿色"添加"的小箭头，就可以将上述字段添加到到明细表中，如图 3-201 所示。单击【确定】即可生成如图 3-202 所示的门明细表。

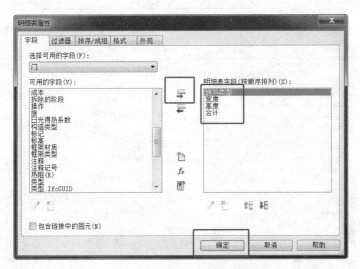

图 3-201　选择明细表字段

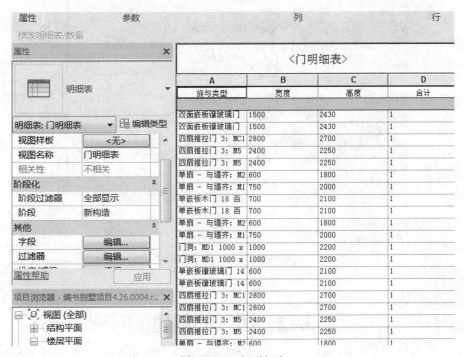

图 3-202　门明细表

3.11.2　模型的输出

创建完成的模型，通过保存的方式即可将模型文件保存到本地。当然，也可以导出为其他各类格式，如 FBX 和 IFC 格式，其中 IFC 格式是国际通用的标准格式。上述导出均通过软件的【菜单】选项卡实现，如图 3-203 所示。

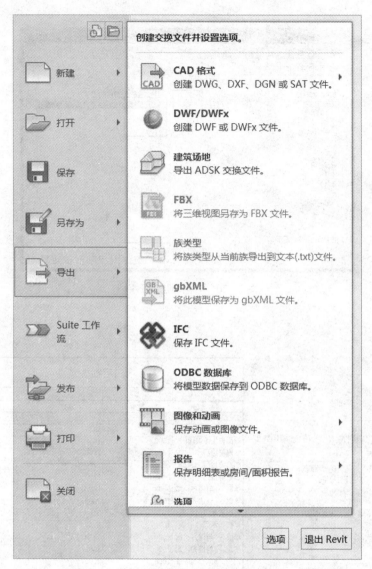

图 3-203　模型保存与导出

3.12　图纸的创建

在当前的软件应用中，最后的成果输出多为图纸形式。本节讲解 Revit 中图纸的创建步骤。创建前可以在平面图中优先对轴网、门窗等进行尺寸标注，如图 3-204 所示。

标注完成即可作为创建为图纸导出。首先需要创建图纸，在【项目浏览器】中找到【图纸】项，如图 3-205 所示。右击【图纸】会出现【新建图纸】按钮，单击出现【选择标题栏】的对话框，如图 3-206 所示。

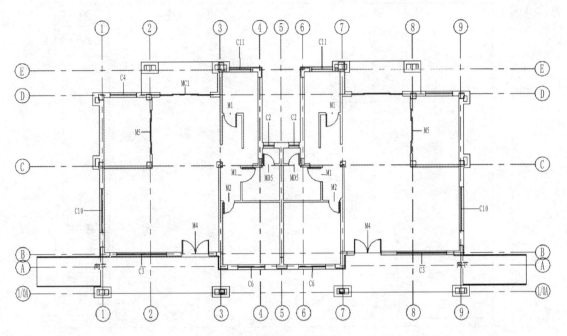

图 3-204　尺寸标注

图 3-205　【图纸】选项

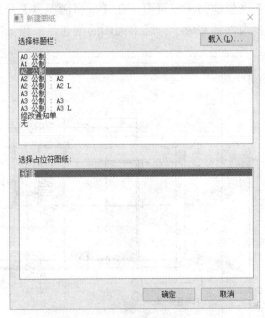

图 3-206　【选择标题栏】信息

　　标题栏中会出现常用的图纸图框，如果有单独创建的标准图框族也可以通过【载入】按钮载入到当前项目中，此处选择 "A2 公制"。选择完成单击【确定】就完成了图纸视图的创建。如图 3-207 所示。

图 3-207　图纸视图

在刚创建的图框页面，在【项目浏览器】里找到楼层平面【1F】，单击并拖动楼至右侧的图框内，便完成了一层平面图的创建，效果如图 3-208 所示。

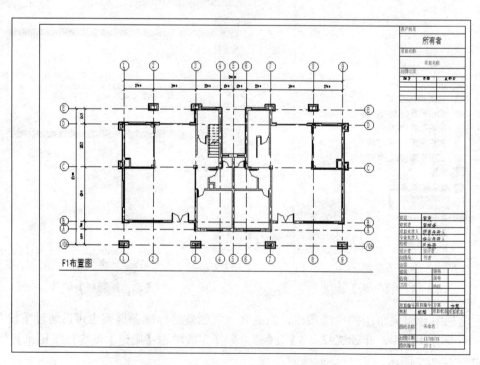

图 3-208　创建完成的一层平面图

3.13 Revit 建模高级技巧：Dynamo 在 Revit 中的应用

3.13.1 Dynamo 简介

1. Dynamo 介绍

Dynamo 是基于 Revit 的参数化设计、建模的辅助工具，可以实现 Revit 自身无法实现的功能，功能极其丰富和强大。由于 Dynamo 是一种面向对象的编程工具，程序非常灵活。例如，Dynamo 可以创建一些比较复杂的几何模型，图 3–209 中的桥梁是 Dynamo 插件针对建模这个功能的演示实例。

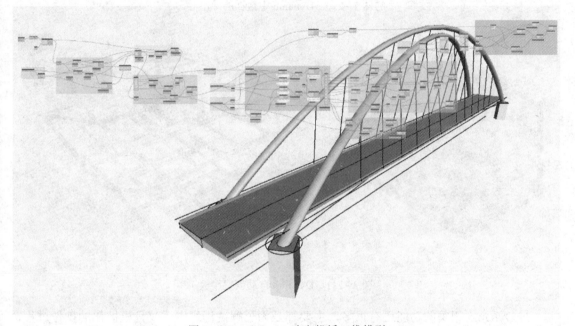

图 3–209 Dynamo 建立拱桥三维模型

不仅仅局限于建模，Dynamo 在数据处理方面的表现也很突出。BIM 设计、建模及应用过程中的庞大数据量如果通过 Revit 自身功能来录入或者编辑，过程将会是烦琐的甚至很多效果无法实现。有了 Dynamo 作为媒介，Revit 可以和 Excel 进行数据交换，Excel 的数据处理能力因此成为了 Revit 功能的延伸。如图 3–210 所示。

通过 Dynamo 与 Revit 的交互，还可以实现类似各种复杂的快捷建模功能，大幅减少建模时间投入，从而可以将更多的精力用于模型的优化和应用。

图 3–211 中的楼板就是通过 Dynamo 编写的程序自动识别楼板的边界线，并沿着边界线自动布置楼板。相比以往的手动绘制楼板边界线再布置楼板，此操作更加便捷，效率也更高。

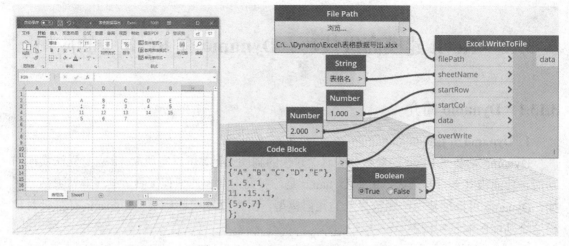

图 3-210　Dynamo 中数据的导出

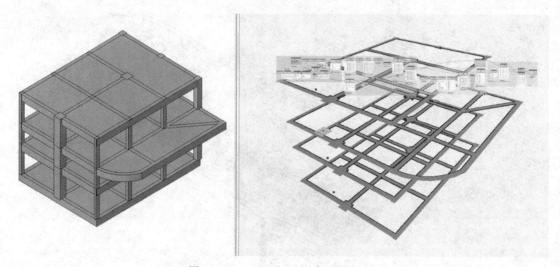

图 3-211　Dynamo 自动创建楼板

与 Dynamo 相关的功能还有很多，主要都是为了解决程序中重复且机械化的操作过程，学会使用 Dynamo 之后可以改变以往的建模局限，一步步脱离 Revit 本身功能的束缚。

2. 应用程序

Dynamo 应用程序是一种视觉程序设计工具，其目标是让不具备深厚程序背景的建筑工程设计师都能够轻松上手应用。此工具让使用者能够以可视化方式编写 Script、定义逻辑部分，并使用各种文字的程序设计语言编写 Script。

Dynamo 应用程序可以以独立的方式运行或者作为其他软件（如 Revit 或 Maya）的外挂程序运行。

想要成功地利用 Dynamo 进行参数化应用，关键点在于充分掌握这个程序的工作方式，并且需要在构建前建立一个清晰的规划过程。将多个元素连接到一起以定义关系和组成自定义算法的动作序列，就可把算法用于一系列广泛的应用程序，从处理资料至产生几何图形，所有动作都是即时动作而不需要编写代码。

Revit2017 及以上版本都是自带 Dynamo，因此一般情况下默认的状态就可以满足使用要求；如果使用 Revit2016 及以下的版本则需独立安装 Dynamo 插件。

3.13.2　图元的选择

Dynamo 与 Revit 的互动，通过两者之间的数据交互实现，将 Revit 的图元导入 Dynamo 需要一些特定的节点来完成。一种是通过下拉选择框来决定选择的目标，另一种是通过点选或者框选来选择目标。以下是列举的其中四个节点。

1. Gategory（族类别）

选择内置的所有类别。在当前项目中所有的族类别里选择。如图 3-212 所示。

2. Family Types（族类型）

选择当前项目中的族类型。如图 3-213 所示。

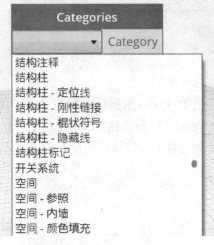

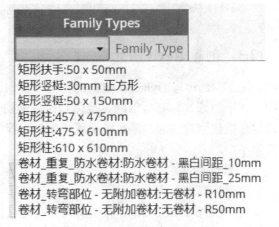

图 3-212　族类别的选择　　　　　　　图 3-213　族类型的选择

3. Select Model Element（选择图元）

直接单击选择项目中的对象，仅可选择单一图元。如图 3-214 所示。

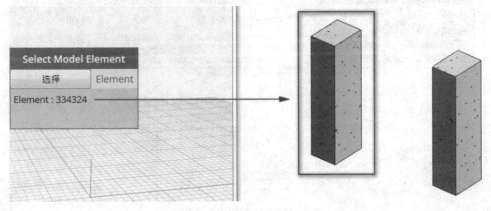

图 3-214　选择单个图元

4. Select Model Elements（选择多个图元）

可以选择多个图元。选中图元的先后顺序决定着图元列表的顺序。如图 3–215 所示。

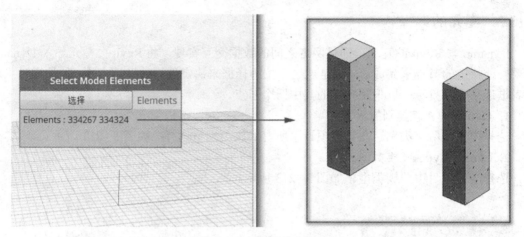

图 3–215　选择多个图元

3.13.3　创建 Revit 图元

除了 Revit 与 Dynamo 数据的交互，我们还需要通过 Dynamo 来创建或驱动 Revit 中的图元，下面通过标高、轴网、墙体和楼板来初步了解 Dynamo 如何创建 Revit 的对象。若能通过参数化创建图元，那么模型就能由一个程序统一控制，而不是像以往一样各个图元之间联系不强。

1. 创建标高

创建标高的方式有四种。

（1）Level.ByElevation 通过输入标高的数值来创建标高，名称采用默认。图 3–216 中创建的三个标高的高程数值分别为 2 000 mm、6 000 mm 和 10 000 mm，名称为默认的标高 3、标高 4 和标高 5。如图 3–217 所示。

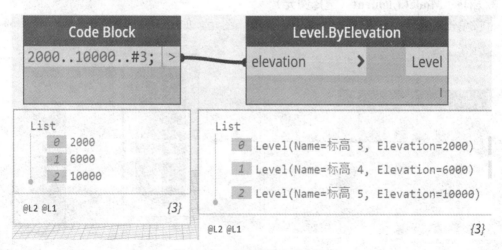

图 3–216　输入数值创建标高

（2）Level.ByElevationAndName 通过输入标高的数值与名称来创建标高。图 3-218 中的标高与图 3-216 中的区别为，图 3-218 中标高的名称可以由我们指定。标高生成效果如图 3-219 所示。

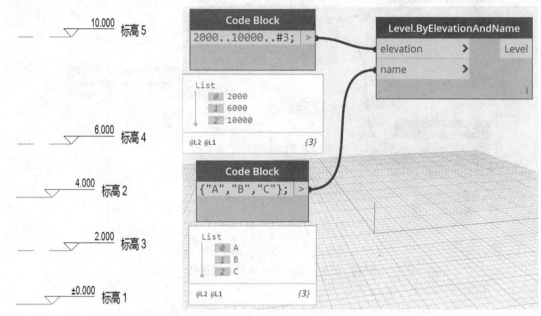

图 3-217　创建名称默认的标高　　　　　　图 3-218　通过数值与名称创建标高

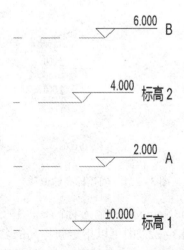

图 3-219　创建指定数值和名称的标高

（3）Level.ByLevelAndOffset 通过输入标高和偏移数值创建标高，名称采用默认。在已有标高的基础上通过输入偏移的距离来创建新的标高。如图3-220和图3-221所示。

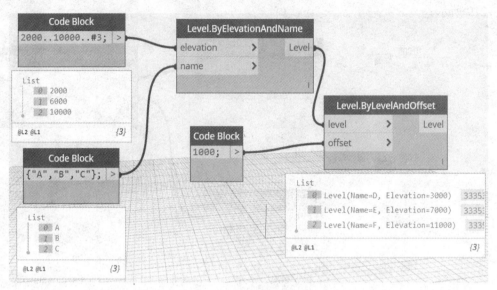

图3-220　通过偏移创建标高

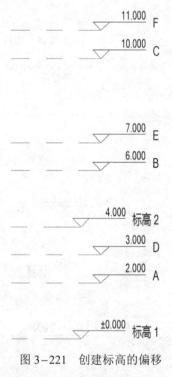

图3-221　创建标高的偏移

（4）Level.ByLevelOffsetAndName 通过输入标高、偏移数值及标高名称创建标高。与图3-220中的效果的差异是，图3-222中可以指定新标高的名称。标高生成效果如图3-223所示。

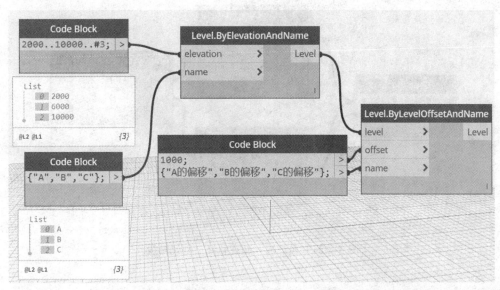

图 3-222　通过偏移和指定名称创建标高

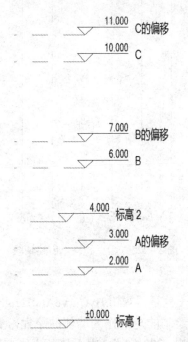

图 3-223　创建标高的偏移并指定名称

2. 创建轴网

创建轴网的方式有三种：Gird.ByArc 沿着弧线绘制轴网，Gird.ByLine 沿着直线绘制轴网，Gird.ByStartPointEndPoint 通过输入起点和终点创建轴网。图 3-224 为通过输入两点来确定轴线的位置，创建效果如图 3-225 所示。

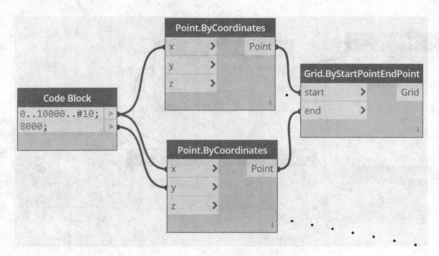

图 3-224　通过输入起点和终点创建轴线

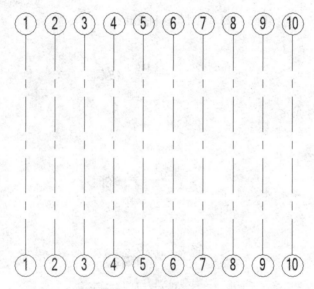

图 3-225　起点和终点创建轴线

3. 创建墙体

创建墙体的方式有两种。一种是，Wall.ByCurveAndHeight 确定墙体的路径、高度、参照标高和墙类型以创建墙体。绘制的矩形作为墙体的路径，底部标高为"标高 1"，高度为 3 000 mm，墙体的类型为"常规–200mm"。由于该节点需要输入曲线作为路径，因此要将矩形转换为曲线再输入。如图 3-226 和图 3-227 所示。

另一种是，Wall.ByCurveAndLevel 确定墙体的路径、起始标高、终止标高和墙类型以创建墙体。绘制的矩形作为墙体的路径，底部标高为"标高 1"，顶部标高为"标高 2"，墙体的类型为"常规 –200mm"。由于该节点需要输入曲线作为路径，因此要将矩形转换为曲线再输入。如图 3-228 和图 3-229 所示。

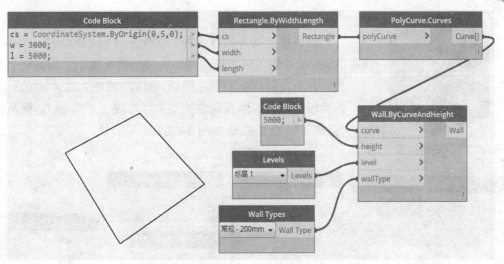

图 3-226　通过标高和高度创建墙体

图 3-227　创建的墙体

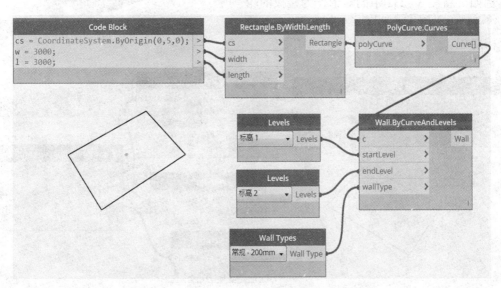

图 3-228　通过指定标高创建墙体

图 3-229　创建的墙体

4. 创建楼板

创建楼板的方式有两种。一种是，Floor.ByOutlineTypeAnd Level 通过输入封闭的曲线作为楼板的轮廓，然后指定楼板的类型和所在的标高来创建楼板。例如，将图 3-230 中的矩形作为楼板的轮廓，然后选定类型为"常规 -150mm"，标高位于"标高 1"。创建楼板如图 3-231 所示。

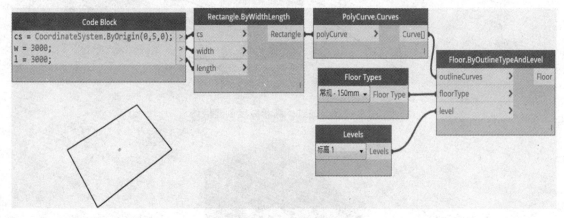

图 3-230　楼板的创建

另一种是，Floor.ByOutlineTypeAndLevel 同样是通过输入封闭的曲线作为楼板的轮廓，区别在于该轮廓允许输入多重曲线，然后指定楼板的类型和所在的标高来创建楼板。例如，将图 3-232 中的矩形作为楼板的轮廓，然后选定类型为"常规 -300mm"，标高位于"标高 2"。

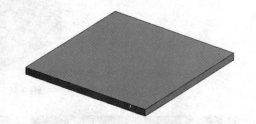

图 3-231　创建的楼板

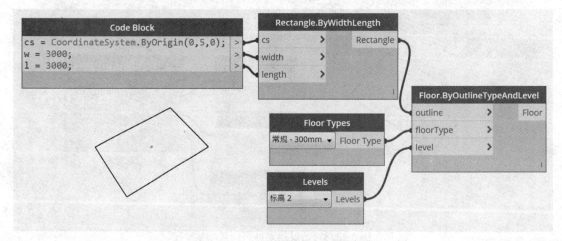

图 3-232　通过多重曲线绘制楼板

3.13.4　修改图元参数

在 Revit 的操作中,为图元填写特定的参数往往是一项相当繁重的工作,而且随着工作量的增加操作者就更容易出现误差。因此,下面用一个实例来实现通过 Excel 统一控制立方体的长度与宽度,从而减少工作量和降低误差。

首先,创建一个立方体的公制常规族文件,该族的高度设置为 100 mm,长度与宽度分别设置为参数"L"与参数"B",两者均为实例参数。如图 3-233 所示。

将其载入项目文件中,放置十个实例后打开 Dynamo。如图 3-234 所示。

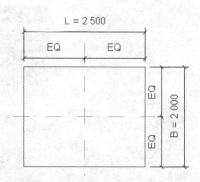

图 3-233　为长度与宽度设置参数

图 3-234　载入到 Revit 后的立方体模型

将 Excel 中准备好的每个立方体的长宽数据提取出来变为两个列表,一个是"L"的数值,另一个是"B"的数值。如图 3-235 所示。

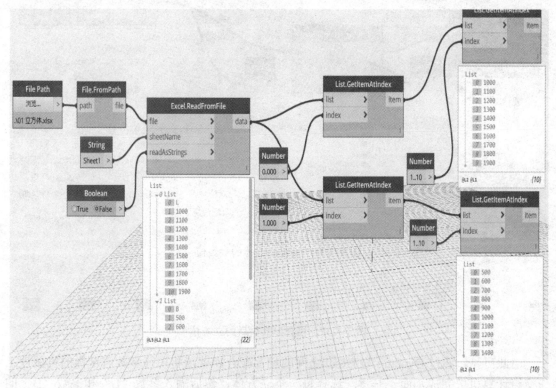

图 3-235　获取 Excel 中参数"L"与参数"B"的数值

接着,将这十个立方体导入 Dynamo 中,同时将准备好的两个列表赋予立方体的实例参数"L"和"B"。如图 3-236 和图 3-237 所示。

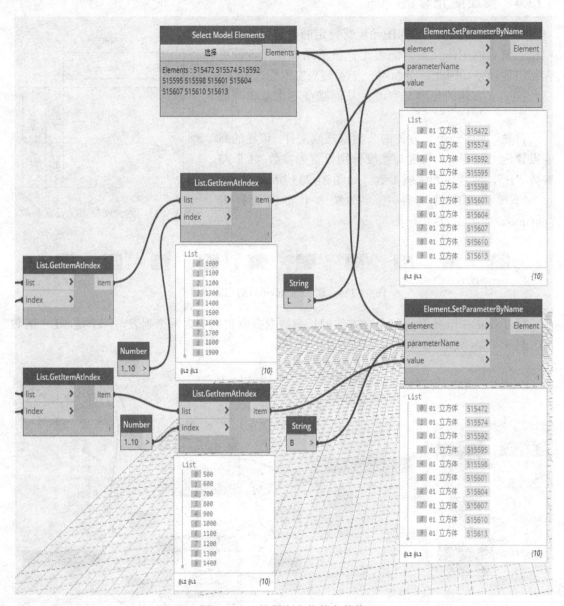

图 3-236　设置立方体的参数值

图 3-237　设置参数值后的立方体

　　由此可见，通过 Dynamo 与 Excel 之间的相互配合，就能将填写参数值这样的机械性工作交给计算机去完成，而不是逐一选择每一个立方体，然后输入参数"L"和参数"B"的数值。

3.13.5　提取构件信息

可以通过 Dynamo 提取 Revit 中的构件信息，并且能够将结果与 Excel 交互，方便后期的信息统计。

在项目文件中，任意绘制几道墙体，然后获取墙体的族与类型、面积、底部约束、底部偏移、顶部约束、顶部偏移及结构用途。最后将统计生成的数据通过 Dynamo 导出到 Excel中。如图 3–238 和图 3–239 所示。

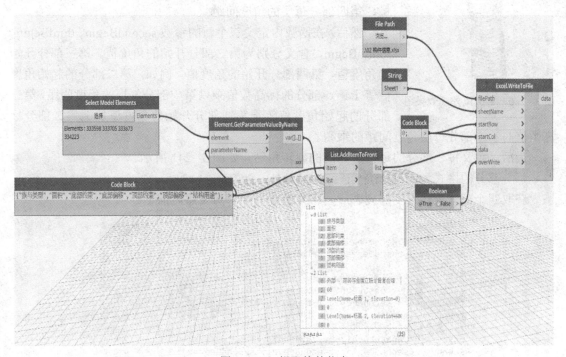

图 3–238　提取构件信息

	A	B	C	D	E	F	G
1	族与类型	面积	底部约束	底部偏移	顶部约束	顶部偏移	结构用途
2	外部 - 带砖与金属立筋龙骨复合墙	60	Level(Name=标高 1, Elevation=0)	0	Level(Name=标高 2, Elevation=4000)	0	0
3	外部 - 带粉刷砖与砌块复合墙	60	Level(Name=标高 1, Elevation=0)	0	Level(Name=标高 2, Elevation=4000)	0	0
4	外部 - 带砌块与金属立筋龙骨复合墙	60	Level(Name=标高 1, Elevation=0)	0	Level(Name=标高 2, Elevation=4000)	0	0
5	常规 - 200mm	60	Level(Name=标高 1, Elevation=0)	0	Level(Name=标高 2, Elevation=4000)	0	0
6							

图 3–239　Excel 获取的构件数据

3.13.6　创建异形模型

虽然建模并不是 Dynamo 侧重的方向，但是 Dynamo 在建模方面的功能可以实现异形的创建。Dynamo 异形建模的关键是明确形体的函数表达。下面通过某大厦的实例来说明其建模能力。其效果图如图 3–240 所示。

图 3-240 某大厦外观效果图

1. 定义角度值

从图 3-240 可以看到每一层都有特定的旋转角度，所以先定义的是这些角度值。

首先，定义八个参数分别为 baseLevel、baseDegree、secondLevel、secondDegree、thirdLevel、thirdDegree、fourthLevel、fourthDegree，这些参数的含义分别为第一部分的标高数量、第一部分每层的角度间距、第二部分的标高数量、第二部分每层的角度间距、第三部分的标高数量、第三部分每层的角度间距、第四部分的标高数量、第四部分每层的角度间距。

然后，在函数内定义三个新的参数 secondBegin、thirdBegin、fourthBegin，含义分别为第二部分开始的角度值、第三部分开始的角度值、第四部分开始的角度值。例如，第二部分的起始角度值等于第一部分的标高数值乘以第一部分每层的角度间距，第三部分的起始角度值等于第二部分开始的角度值加上第二部分标高数值与第二部分每层角度间距的乘积。

最后，定义每一部分的每一个标高的旋转角度。如图 3-241 所示。

每一部分的格式为：{起始角度值..#标高数量..角度间距}

获取四个部分旋转角度的列表后，将其整合为一个列表然后铺平。

```
//定义旋转角度
def twistedDegree(baseLevel,baseDegree,secondLevel,secondDegree,
thirdLevel,thirdDegree,fourthLevel,fourthDegree)
{
//每隔一定的标高就旋转指定的角度，例如，每隔3.5米旋转10度
secondBegin = baseLevel*baseDegree;
thirdBegin = secondBegin + secondLevel*secondDegree;
fourthBegin = thirdBegin + thirdLevel*thirdDegree;
//将旋转角度分为四个部分
base = {0..#baseLevel..baseDegree};
second = {secondBegin..#secondLevel..secondDegree};
third = {thirdBegin..#thirdLevel..thirdDegree};
fourth = {fourthBegin..#fourthLevel..fourthDegree};
list = {base,second,third,fourth};
return = Flatten(list);
};
```

图 3-241 定义角度

2. 获取竖框

（1）在体量文件中选择两个模型线：一个作为外圈，另一个作为内圈。首先，将拾取的外圈变为 Dynamo 的曲线，由于这样操作生成的是一个列表，因此通过 List.FirstItem 获取列表的第一个索引项将其变为一个曲线对象；然后，利用提取的曲线对象生成一个实体，实体的厚度等于竖框的高度。另一个内圈轮廓以同样的方式进行操作。

（2）有了两个轮廓线生成的实体以后，将大的实体减去小的实体，通过 Solid.Difference 求得两个实体的差集。

（3）将该差集沿着竖直的方向移动复制，每隔 3 500 mm 复制 1 个，一共 56 个。

（4）将复制后的各个对象旋转指定的角度，具体旋转的角度由上一步定义的函数决定。

由于该函数已经指定，因此这一步中直接调用函数"twistedDegree"。如图 3-242 所示。

```
//获取竖框
def mullion(model1,model2,mullionH)
{
//将两条参照的模型线导入并且展平,然后分别创建两个实体
curves1 = model1.Curves;
cur1 = List.FirstItem(curves1);
solid1 = cur1.ExtrudeAsSolid(Vector.ZAxis(),mullionH);
curves2 = model2.Curves;
cur2 = List.FirstItem(curves2);
solid2 = cur2.ExtrudeAsSolid(Vector.ZAxis(),mullionH);
//然后得到一个实体,该实体为外圈椭圆的实体减去内圈椭圆的实体
solid_mu = Solid.Difference(solid1,solid2);
//将实体和内圈的椭圆向上移动复制,每隔3500mm复制一个,共56个
solid_Tr = solid_mu.Translate(Vector.ZAxis(),0..#56..3500);
//将移动后的实体旋转,旋转的角度由函数"twistedDegree"指定
solid_Ro = solid_Tr.Rotate(Plane.XY(),twistedDegree(10,1,30,9,10,3,6,1));
return = solid_Ro;
};
solid_Ro = mullion(外圈椭圆,内圈椭圆,竖框高度);
```

图 3-242 获取竖框

完成以上步骤之后，输出最后旋转的结果。

3. 获取外壳

外壳的轮廓线采用内圈的椭圆轮廓线。

（1）将拾取的内圈变为 Dynamo 的曲线。由于这样操作生成的是一个列表，因此通过 List.FirstItem 获取列表的第一个索引项将其变为一个曲线对象。

（2）将获取的内圈曲线向上平移复制，每隔 3 500 mm 复制 1 次，复制完后共 56 个对象。

（3）将这些对象一一旋转特定的角度，旋转的角度由之前的函数"twistedDegree"来决定。

（4）沿着复制好的对象执行融合命令形成外壳。如图 3-243 所示。

```
//获取外壳
def shell(model2)
{
curves2 = model2.Curves;
cur2 = List.FirstItem(curves2);
cur_Tr = cur2.Translate(Vector.ZAxis(),0..#56..3500);
cur_shell = cur_Tr.Rotate(Plane.XY(),twistedDegree(10,1,30,9,10,3,6,1));
solid_loft = Solid.ByLoft(cur_shell);
return = solid_loft;
}
solid_loft = shell(内圈椭圆);
```

图 3-243 获取外壳

习 题

1. 根据以下要求和给出的图纸（图 3-244），创建模型并将结果输出。（第十一期全国 BIM 技能等级一级考试真题）。

（1）BIM 建模环境设置。

设置项目信息：①项目发布日期：2017 年 9 月 1 日；②项目编号：2017001-1

（2）BIM参数化建模。

①根据给出的图纸创建标高、轴网、建筑形体，包括墙、门、窗、柱、屋顶、楼板、楼梯、洞口、坡道、扶手。其中，要求门窗尺寸、位置、标记名称正确；未注明尺寸与样式不作要求。

②主要建筑构件参数如表3-1所示。

表3-1 主要建筑构件参数

外墙	5厚涂料-白色	楼板	10厚瓷砖
	285厚混凝土		280厚混凝土
	10厚瓷砖		10厚混合砂浆涂料
内墙	5厚涂料-白色	结构柱	450×450
	90厚混凝土		
	5厚涂料-白色		

（3）创建图纸。

①创建门窗表，要求包含类型标记、宽度、高度、底高度、合计，并计算总数；

②建立A3或A4尺寸图纸，创建"1-1剖面图"。

（4）模型文件管理

将创建的"1-1剖面图"图纸导出为AutoCAD DWG文件。

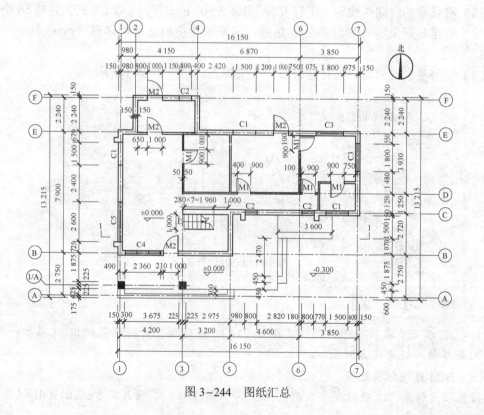

图3-244 图纸汇总

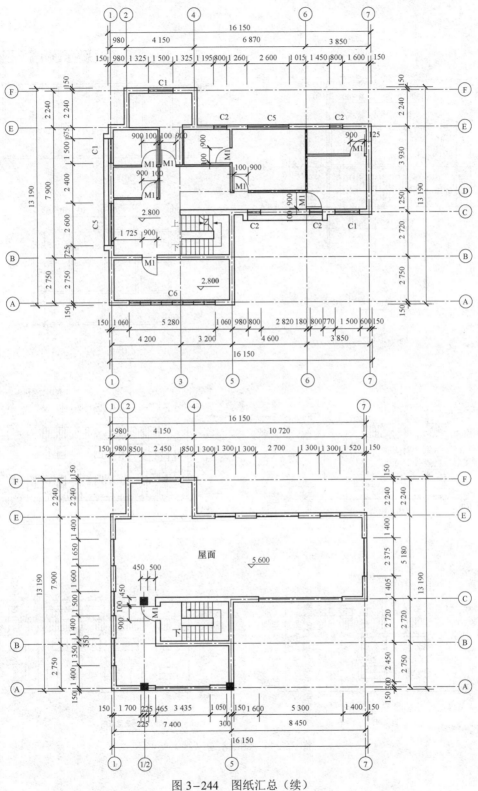

图 3-244 图纸汇总（续）

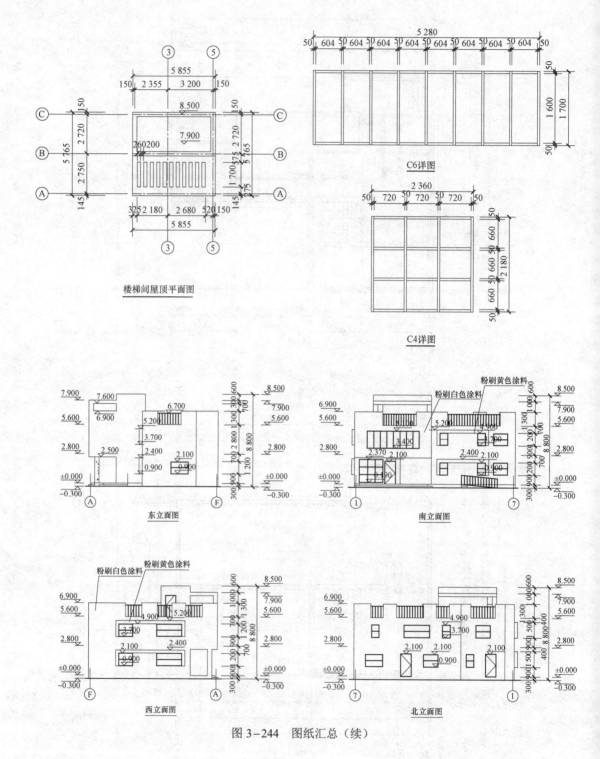

图 3-244　图纸汇总（续）

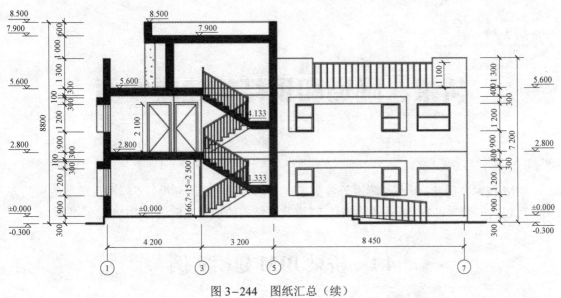

图 3-244　图纸汇总（续）

2. 利用 Dynamo 插件创建一面墙体。

第4章

桥梁、隧道和钢结构建模实例

BIM 技术在房建、桥梁、隧道等各类工程中都有着广泛的应用。不同项目类型建模的方式存在较大的差异,本章分别以桥梁、隧道及钢结构的项目案例进行 BIM 建模讲解。

4.1 桥梁 BIM 建模实例

4.1.1 项目基本情况

某山区特大桥项目分左右两幅,左线贯通设置 1.2 m 桥台+（68+125+68）m 连续梁+（6×20）m 现浇箱梁+（68+2×125+68）m 连续梁+（72+2×130+72）m 连续钢构+1.2 m 桥台,左线桥梁全长 1 173.4 m;右线贯通设置 0.5 m 桥台+（2×20）m 现浇箱梁+（68+125+68）m 连续梁+（4×20）m 现浇箱梁+（68+2×125+68）m 连续梁+（72+2×130+72）m 连续刚构+1.2 m 桥台,右线桥梁全长 1 172.7 m,全桥下部结构采用桩柱式墩台。桥梁的效果图见图 4-1,BIM 模型见图 4-2,图 4-3 为主桥典型断面图纸。

图 4-1 某山区特大桥项目效果图

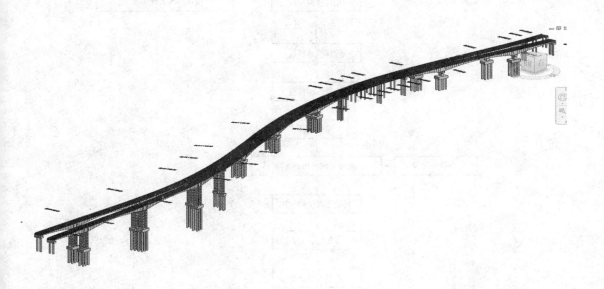

图 4-2　某山区特大桥项目 BIM 模型

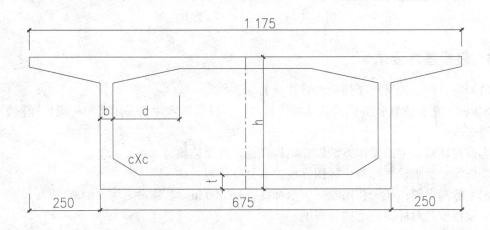

图 4-3　主桥典型断面图

4.1.2　桥梁建模的主要步骤和流程

　　与其他类型项目一样，桥梁项目建模也必须遵循一定的步骤和流程，按相应的流程进行建模可以确保模型的准确性、通用性及易用性。首先要明确并统一项目建模标准，完成项目的基本设置之后，进行桥梁下部结构的创建；其次再创建桥梁上部结构模型；再次是桥梁的相关附属件建模，最后是进行模型的核查。桥梁 BIM 建模步骤和流程如图 4-4 所示。

121

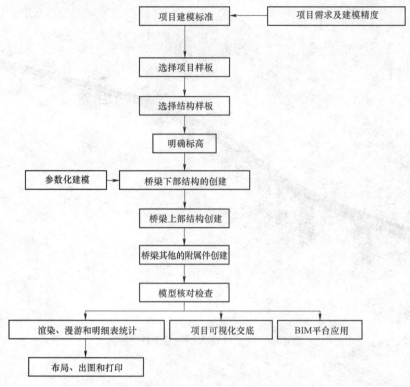

图 4-4　桥梁 BIM 建模步骤和流程

4.1.3　建模基本要求

（1）项目样板：采用【结构项目样板】。

①Revit 中提供默认的建筑、结构、机械项目样板。本项目采用【结构项目样板】并进行适当修改。

②按前述章节中的操作方法选择结构样板并开始建模。

③按统一要求设置标高、视图样板、项目单位等。

（2）标高设置：统一使用唯一一个标高：+0.000 m，名称命名为"0.000 m"。

①项目按绝对标高决定构件高度。

②路桥图纸高程精确到毫米位，标高名称为"0.000 m"。

（3）材质：材质信息录入到实例参数【材质和装饰】中。

（4）视图样板：采用自己制作的视图样板并进行应用，主要分为平面、立面、三维。

（5）项目单位：统一精确到小数点后三位。

4.1.4　桥梁下部结构建模

1. 桩基建模

由于桩基数量较多，且手动定位较难，为了保证建模的数据精度，采用 Dynamo 插件放置桥梁桩基。在放置之前根据设计图纸要求核算各个桩基桩顶平面位置、桩顶高程及桩长等基本参数。在放置的过程中，需要将族类型参数名称与 Dynamo 节点名称对应一致，以保证可以利用 Excel 数据正确驱动建模。

桩基建模步骤如下。

（1）族选择及命名：桩采用【公制结构基础】族样板，命名采用"桩–墩号–编号"。如"T1–a1–11"。

（2）桩应包含的基本参数：直径、桩长、体积、材质等，设置为"实例参数"（由于结构基础中没有默认体积，新增"体积"参数：体积=pi()*直径/2*直径/2*桩长）。

（3）以桩顶部高程为基准，将桩坐标点及相应参数录入表格，如图 4–5 所示。

标记	X减后	Y减后	X	Y	Z	桩长	桩径	图纸X	图纸Y	图纸Z	桩长			
右线0-1	788225	114017	3610788225	36403114017	974366	17945	1800	3610788.225	36403114.017	974.366	1794.5	右线	0#	0-1
右线0-2	788427	107520	3610788427	36403107520	974171	17750	1800	3610788.427	36403107.520	974.171	1775		0#	0-2
右线1-1	768890	113350	3610768890	36403113350	975773	23098	1800	3610768.89	36403113.350	975.773	2309.8		1#	1-1
右线1-2	769228	106609	3610769228	36403106609	975570	22895	1800	3610769.228	36403106.609	975.57	2289.5		1#	1-2
右线2-1	748671	111514	3610748671	36403111514	973519	28273	2500	3610748.671	36403111.514	973.519	2827.3		2#	2-1
右线2-2	749050	106027	3610749050	36403106027	973519	28273	2500	3610749.05	36403106.027	973.519	2827.3		2#	2-2
右线5-1	489211	89267	3610489211	36403089267	966120	38083	2500	3610489.211	36403089.267	966.12	3808.3		5#	5-1
右线5-2	489179	83767	3610489179	36403083767	966120	38083	2500	3610489.179	36403083.767	966.12	3808.3		5#	5-2
右线6-1	468795	90275	3610468795	36403090275	951467	19000	1800	3610468.795	36403090.275	951.467	1900		6#	6-1
右线6-2	468578	83529	3610468578	36403083529	951467	19000	1800	3610468.578	36403083.529	951.467	1900		6#	6-2
右线7-1	448744	91188	3610448744	36403091188	947950	19000	1800	3610448.744	36403091.188	947.95	1900		7#	7-1
右线7-2	448348	84449	3610448348	36403084449	947950	19000	1800	3610448.348	36403084.449	947.95	1900		7#	7-2
右线8-1	428724	92631	3610428724	36403092631	943054	20000	2000	3610428.724	36403092.631	943.054	2000		8#	8-1
右线8-2	428149	85906	3610428149	36403085906	943054	20000	1800	3610428.149	36403085.906	943.054	2000		8#	8-2
右线17-1	-356121	255745	3609643879	36403255745	930186	25000	2500	3609643.879	36403255.745	930.186	2500		17#	17-1
右线17-2	-356386	249751	3609643614	36403249751	930186	25000	2500	3609643.614	36403249.751	930.186	2500		17#	17-2
右线3-1	686895	106113	3610686895	36403106113	953527	28000	2500	3610686.895	36403106.113	953.527	2800		3#	3-1
右线3-2	687554	100149	3610687554	36403100149	953527	28000	2500	3610687.554	36403100.149	953.527	2800		3#	3-2
右线3-3	681428	105508	3610681428	36403105508	953527	28000	2500	3610681.428	36403105.508	953.527	2800		3#	3-3
右线3-4	682088	99545	3610682088	36403099545	953527	28000	2500	3610682.088	36403099.545	953.527	2800		3#	3-4
右线3-5	675961	104904	3610675961	36403104904	953527	28000	2500	3610675.961	36403104.904	953.527	2800		3#	3-5
右线3-6	676621	98940	3610676621	36403098940	953527	28000	2500	3610676.621	36403098.940	953.527	2800		3#	3-6
右线10-1	346674	103789	3610346674	36403103789	940000	25000	2500	3610346.674	36403103.789	940	2500		10#	10-1
右线10-2	345471	97911	3610345471	36403097911	940000	25000	2500	3610345.471	36403097.911	940	2500		10#	10-2
右线10-3	341286	104892	3610341286	36403104892	940000	25000	2500	3610341.286	36403104.892	940	2500		10#	10-3
右线10-4	340083	99014	3610340083	36403099014	940000	25000	2500	3610340.083	36403099.014	940	2500		10#	10-4
右线10-5	335897	105995	3610335897	36403105995	940000	25000	2500	3610335.897	36403105.995	940	2500		10#	10-5
右线10-6	334694	100117	3610334694	36403100117	940000	25000	2500	3610334.694	36403100.117	940	2500		10#	10-6
右线12-1	110141	184923	3610110141	36403184923	940404	30000	2500	3610110.141	36403184.923	940.404	3000		12#	12-1
右线12-2	107903	179357	3610107903	36403179357	940404	30000	2500	3610107.903	36403179.357	940.404	3000		12#	12-2

图 4–5　桩基表

（4）在 Dynamo 创建节点（图 4–6），读取 excel 表格数据，完成桩基的创建和放置。

2. 桥梁墩柱

本项目的墩柱分为两种类型，圆柱墩及方柱墩。圆柱墩建模参照桩基建模即可，不再赘述。方柱墩建模时，需要按照施工工艺进行建模，如悬臂模首节混凝土的浇筑高度、平均浇筑高度及顶节的浇筑高度。在建族时可以将墩柱整体建模，采用参数化的空心剪切进行阶段建模。方柱墩如图 4–7 所示。

墩柱建模步骤如下。

（1）族样板选择及命名：墩柱采用【公制结构柱】族样板。墩柱命名采用"墩号–编号"方式，如"Pm05–1"。

（2）因墩柱有几种不同样式，利用五个形状及相应的空心命令以最简便、占用内存最小的方案做出墩柱。

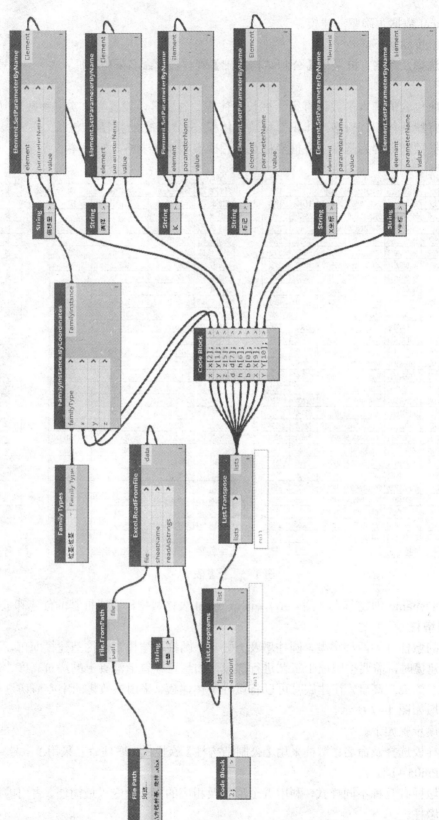

图 4-6　Dynamo 插件放置桥梁桩基节点图

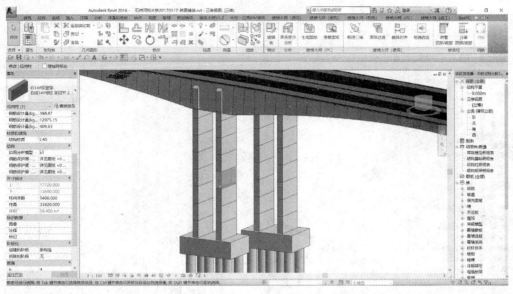

图 4-7　方柱墩模型效果

（3）墩柱底部贴合"低于参照标高"，顶部贴合"高于参照标高"，通过【对齐】命令进行锁定；保证载入项目后能通过"底部偏移""顶部偏移"设置墩柱标高。

（4）用【连接几何图形】命令将几个形状合并，避免产生多余的线条，影响构件美观。

（5）形状关联结构材质参数。

3. 桥梁承台、桥台及盖梁建模

桥梁承台、桥台及盖梁建模时，由于承台、桥台等构件数量相对较少，可以通过设置参照平面定位族位置，手动调整构件标高，从而保证构件的精准定位。具体如图 4-8 和图 4-9 所示。

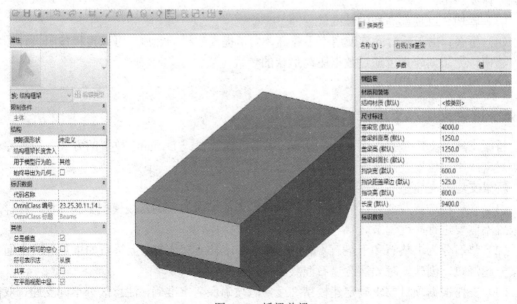

图 4-8　桥梁盖梁

125

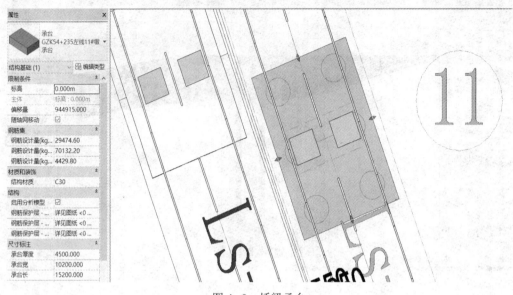

图 4-9　桥梁承台

承台、桥台及盖梁建模步骤如下。

（1）族样板选择及命名：采用【公制结构基础】族样板，命名采用"墩号-承台（或桥台、盖梁）-编号"方式，方便在后续项目管理中直接搜索构件。以 10 号墩承台为例，命名为：T10-a1，整体的承台不用写编号。

（2）族应包含基本参数：长、宽、高、体积、材质等。承台如不能通过公式得出体积，增加实例参数"体积"，在项目中使用"明细表"-"材质明细表"，将构件材质的体积值输入到"体积"中。

（3）族构件以顶部高程为基准。

（4）桥台：由于桥台的族使用率不算高，为了提高建模的速度，可以直接按照设计图纸进行建模，无须创建为可通过数据驱动形状的参数化族。

（5）形状关联结构材质参数。

4.1.5　桥梁支座及支座垫石建模

桥梁支座及支座垫石如图 4-10 所示，采用手动放置或 Dynamo 放置的方式。放置完成后须对支座平面位置及高层与设计图纸进行核对。

桥梁支座及支座垫石建模步骤如下。

（1）族样板选择及命名：垫石和支座均可用【基于面的公制常规模型】族样板，这样直接放置不需要进行高度调节。

（2）垫石分为上垫石和下垫石，下垫石通常和墩柱一起浇筑，上垫石如果是混凝土通常和梁一起浇筑，创建族时须注意垫石混凝土等级。

（3）支座根据项目要求确定建模精细度，但须确保名字准确，注意区分单向支座、双向支座、固定支座。

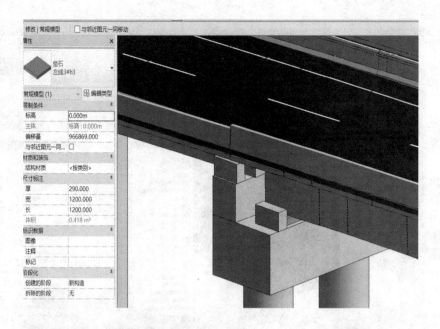

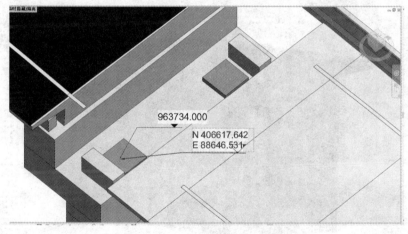

图 4-10　桥梁支座及支座垫石

4.1.6　桥梁上部结构建模

1. 0#块建模

在建模过程中，将 0#块单独作为项目，按照设计要求进行钢筋建模和预应力管道建模。在桥梁整体拼合时，采用链接的方式即可。0#块外观和配筋如图 4-11 所示。

0#块建模步骤如下。

（1）由于 0#构件比较复杂，在建族时可直接按照设计图纸进行建模，无须设置变形参数，命名采用"墩号 -0#块"方式，方便后续在项目管理应用时直接搜索到构件。

（2）0#块族其基准高程设置于底部，以便在项目中定位。

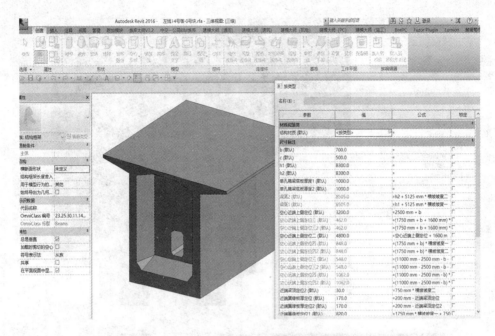

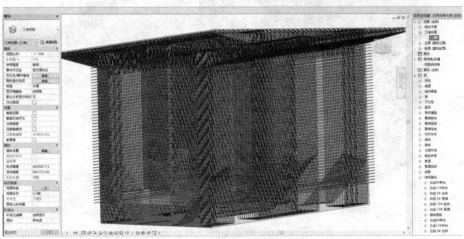

图 4-11 0#块外观和配筋

（3）0#块设置材质参数，以便统计工程量。

（4）0#块钢筋建模可利用 Revit Extensions 等插件进行快速建模。

（5）形状关联结构材质参数。

2. 箱梁其他节段建模

根据现浇节段的特点，为了保证模型的定位精度及加快建模速度，采用 Dynamo 插件将建好的族进行放样。在放置之前，需对各阶段的定位数据进行汇总至统一表格中，注意驱动数据的名称要一致。箱梁族样式及放置 Dynamo 节点如图 4-12 和图 4-13 所示。

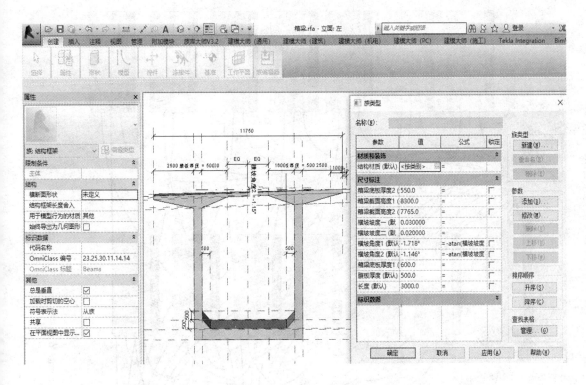

图 4-12　箱梁族样式

箱梁建模步骤如下。

（1）族样板选择及命名：箱梁采用【公制结构框架】族样板。图纸上箱梁有指定名称时，命名采用"箱梁-编号"方式，如箱梁-32#；如遇到没有指定名称时，则命名采用"墩号-墩号-边跨/中跨"方式，如 PM06-PM07-中跨。

（2）现浇箱梁通常要求一联一次浇注，如族的使用频次较低时，此时可以不考虑参数族。结构框架族默认的"左"参照和模型锁定，中间绘制参照平面进行锁定。

（3）预制箱梁：预制段与现浇段分开建模，工程量分开统计。

（4）箱梁建模时，需要将通风孔和人孔建立在模型中。

（5）如果是现浇梁，端横梁不应分开建模，应保证梁是整体；如果是预制梁，端横梁部分需要分开建模，预制部分和现浇部分分开。

3. 预应力管道及齿块

族类型选择及方法如下。

齿块选择【基于面的公制常规模型】族样板，放置后选择【连接】模型。

预应力管道选用【公制结构框架】族样板，以圆柱形代替即可。具体方法是：在结构框架族里用模型线画，然后放样，三维拾取。绘制之前定出直线段的长度后载入到项目中绘制直线段长度，生成管束。

4. 桥面及护栏建模

桥面及护栏建模可参照箱梁族进行。桥面长度宜按跨度进行分隔，护栏的长度应当根据项目需求设置。

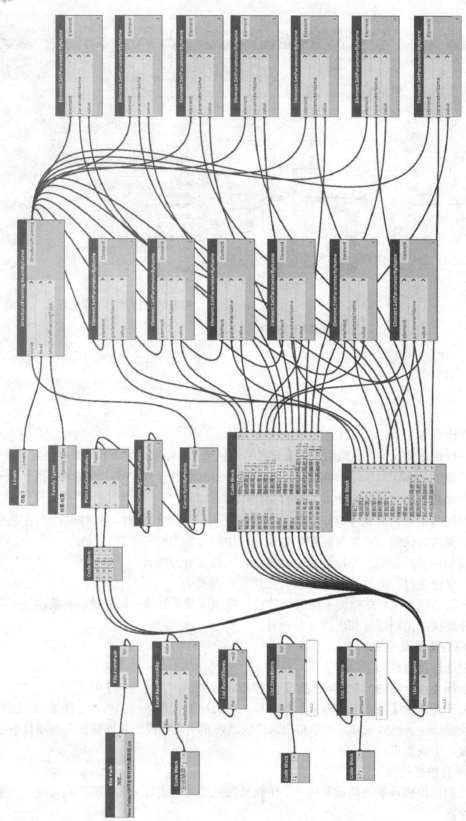

图 4—13　箱梁族放置 Dynamo 节点

桥梁建模整体效果如图 4-14 所示。

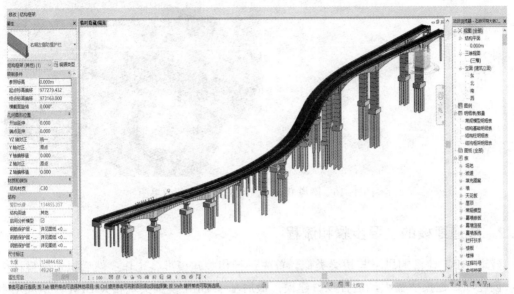

图 4-14　桥梁建模整体效果

4.2　隧道 BIM 建模实例

隧道是埋置于地层内的工程建筑物，其结构设计复杂，采用 BIM 技术对隧道工程结构进行三维建模，可以有效地提高工程实施的管理精度、效率和信息化水平。

下面以某高速公路隧道 BIM 建模为实例，对隧道工程 BIM 建模的实施思路与方法进行展示介绍。

4.2.1　项目基本情况

某高速公路隧道全长 10 485 m，设计等级为高速公路双向六车道分离式隧道，设计速度为 100 km/h，建筑限界净宽：0.75+0.75+3×3.75+1.00+1.00=14.75（m），建筑限界净高 5.0 m，设计荷载为公路－Ⅰ级，属于高速公路特长隧道。隧道双侧壁导坑施工 BIM 模型及出口端洞口规划布置效果图如图 4-15 所示，其特殊部位局部效果图如图 4-16 所示。

图 4-15　隧道双侧壁导坑施工 BIM 模型及出口端洞口规划布置效果图

图 4-16　隧道 BIM 模型特殊部位局部效果图

4.2.2　隧道建模的主要步骤和流程

隧道 BIM 建模的思路与桥梁类似。首先进行相关建模准备工作；然后拟定项目样板文件，创建项目建模所需族，进行项目建模；最后基于 BIM 模型实现相关 BIM 技术应用点。隧道建模流程和步骤如图 4-17 所示。

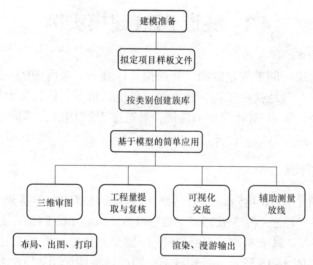

图 4-17　隧道建模流程和步骤

4.2.3　建模前期准备

针对施工项目隧道 BIM 建模，应该对设计图纸进行汇总、审查；核对实际围岩衬砌种类、长度，与《工程数量汇总表》中数据一致，并分门别类进行归集与整理，估算项目体量，明确 Revit 族的创建数量及命名规则。如有 CAD 图纸，则应对不同围岩衬砌结构断面图进行单独写块保存，以便导入 Revit 软件中建模使用。写块时应注意原图纸的绘图比例；如有必要，应进行调整。隧道围岩衬砌断面图纸示例如图 4-18 所示。

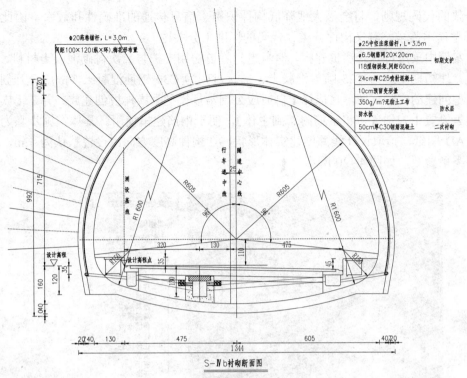

图 4-18　隧道围岩衬砌断面图纸示例

同时，应按照设计路线平面图、纵断面图及《平面曲线线元要素表》中的信息，并结合各围岩衬砌施工工艺、工法确定建模拆分的最小单元延度。本案例中根据项目实际工艺需求，将隧道结构模型拆分为每延米逐桩建模，故应根据设计信息，计算出线路设计中心线每延米逐桩里程坐标数据，并编辑保存于记事本文件中，保存编码格式为：Unicode，便于在软件中为模型创建提供精准的定位数据，如图 4-19 所示。

平面纵断 (yK) .txt - 记事本
文件(F)　编辑(E)　格式(O)　查看(V)　帮助(H)

桩号	X	Y	Z
40511	530648.435	3129582.910	1001.137
40512	530649.115	3129582.177	1001.155
40513	530649.794	3129581.443	1001.172
40514	530650.474	3129580.709	1001.19
40515	530651.153	3129579.975	1001.207
40516	530651.833	3129579.242	1001.225
40517	530652.512	3129578.508	1001.242
40518	530653.192	3129577.774	1001.26
40519	530653.871	3129577.041	1001.277
40520	530654.551	3129576.307	1001.295
……	……	……	……

图 4-19　设计坐标计算及数据处理

4.2.4　创建族库

BIM 模型传递衍生过程中包含了大量的构件，信息量巨大，若缺乏科学的模型构件分类以及一致的代码规则，将会极大地降低构件识别、信息传递的准确性和效率。因此，根据 BIM 模型使用需求，定义构件分类、代码的标准十分关键。

本案例中采用每延米逐桩建模，但考虑到隧道初期支护与二次衬砌混凝土材料、强度的差异性，如初期支护为 C25 喷射混凝土、二次衬砌为 C30 钢筋混凝土，故应分开创建族，结合模型创建的实际需要，宜选择【自适应公制常规模型】族样板创建族，并在【族类别和族参数】设置中勾选【可将钢筋附着到主体】，便于钢筋建模使用。具体实施步骤为：导入设计 CAD 图纸，拾取设计线并创建实体形状，在构件高度方向应设置默认为 1 m，且添加为构件类型参数，如图 4-20 所示。

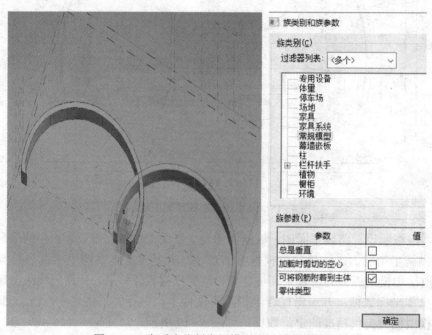

图 4-20　自适应公制常规模型族样板参数设定

为保证模型构件的易认知性，并符合隧道设计原则，创建族库时应对族进行统一命名，制定命名规则。隧道 BIM 模型构件命名应包含构件类别、构件类型（围岩级别、衬砌类型）等信息，如图 4-21 所示。

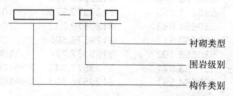

图 4-21　隧道 BIM 建模构件命名规则

不同围岩级别、不同地质条件下，隧道设计为不同的衬砌类型。隧道围岩级别划分为 I ～ VI 六个等级。在每一围岩级别下，按岩石构造、地下水等地质条件划分衬砌类型，以英文字母排序表示。

隧道 BIM 建模构件命名如表 4-1 所示，构件类别与构件类型之间用连字符"－"连接。

表 4-1　隧道 BIM 建模构件命名表

序号	构建类别		命名实例 1	命名实例 2
		隧道 BIM 建模构件命名实例		
1	超前支护	超前小导管	超前小导管 –Va	超前小导管 –Vb
2		管棚	管棚 –Va	管棚 –Vb
3	初期支护	喷射混凝土	喷射混凝土 –Va	喷射混凝土 –Vb
4		中空锚杆	中空锚杆 –Va	中空锚杆 –Vb
5		砂浆锚杆	砂浆锚杆 –Va	砂浆锚杆 –Vb
6		钢筋网	钢筋网 –Va	钢筋网 –Vb
7		型钢钢架	型钢钢架 –Va	型钢钢架 –Vb
8		格栅钢架	格栅钢架 –Va	格栅钢架 –Vb
9	二次衬砌	拱墙	拱墙 –Va	拱墙 –Vb
10		仰拱	仰拱 –Va	仰拱 –Vb
11		底板	底板 –Va	底板 –Vb
12	防水板	拱墙部防水板	拱墙部防水板 –Va	拱墙部防水板 –Vb
13	仰拱填充	仰拱填充	仰拱填充 –Va	仰拱填充 –Vb
14	中心盖板沟	沟槽身	沟槽身	/
15		盖板	盖板	/
16	侧沟沟槽	侧沟槽身	侧沟槽身	/
17		侧盖板	侧盖板	/

在表 4-1 中，中心盖板沟、侧沟等构件命名均直接使用构件细部类别。因为隧道内部结构不受围岩级别、衬砌类型的影响，所以构件命名不需考虑围岩级别、衬砌类型等因素，如图 4-22 所示。

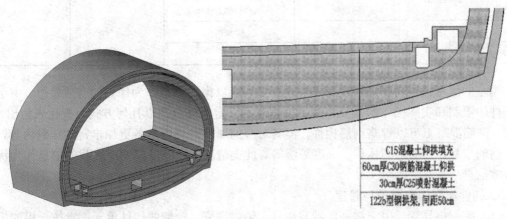

图 4-22　S–Va 级围岩衬砌结构模型

4.2.5 创建隧道结构模型

1. 模型精度控制与管理

构件单元表达构件在模型中的建模精度，宜结合施工工序管理要求，考虑建模难度，采用榀、纵向长度等单位。模型的信息粒度应符合模型精细度等级的规定，应包含几何信息和非几何信息，其中几何信息应进行参数化设计。如表 4-2 所示。

表 4-2　模型建模精度与信息粒度

序号	构建类别		构件单元	几何信息	非几何信息
1	超前支护	超前小导管	一榀	1. 长度 2. 截面尺寸 3. 几何特征	1. 类别 2. 类型 3. 代码 4. 工程量 5. 里程 6. 材质
2		管棚	一榀		
3	初期支护	喷射混凝土	纵向长度 $L=1$ m		
4		中空锚杆	一榀		
5		砂浆锚杆	一榀		
6		钢筋网	一榀		
7		型钢钢架	一榀		
8		格栅钢架	一榀		
9	二次衬砌	仰拱	纵向长度 $L=1$ m		
10		底板	纵向长度 $L=1$ m		
11		拱墙	纵向长度 $L=1$ m		
12	防水板	仰拱部防水板	纵向长度 $L=1$ m		
13		拱墙部防水板	纵向长度 $L=1$ m		
14	仰拱填充	仰拱填充	纵向长度 $L=1$ m		
15	中心盖板沟	沟槽身	纵向长度 $L=1$ m		
16		盖板	纵向长度 $L=1$ m		
17	侧沟沟槽	侧沟槽身	纵向长度 $L=1$ m		
18		侧盖板	纵向长度 $L=1$ m		
19	机电、管线	风机等	一台		
20		管件	一个		

模型的信息粒度与建模精度可不完全一致，应以模型信息作为优先的有效信息。由于技术条件的限制和实际操作的需要，模型的信息不一定能够全部以几何方式可视化表达出来。例如，钢筋混凝土可以省略钢筋构件，但其对应的属性信息可具备更加丰富的信息内容，包括钢筋的型号、混凝土的体积、强度等级等。此类情况下，应以模型所承载的信息作为优先的有效信息。

2. 构件类别信息赋予与管理

（1）超前小导管、中空锚杆、砂浆锚杆、锁脚锚杆、管棚的构件单元；宜按一榀的组件形式，相邻两榀呈梅花状布置；几何信息应包括轴向长度 L_a（m）、钢管型号（mm）、外倾

角 θ（°）、榀间距 L_d（mm）；非几何信息应包括类别、类型、代码、工程量（m）、钢管质量（kg）、钢型号 H、里程等。单根锚杆模型示例如图 4-23 所示。

图 4-23　单根锚杆模型示例

（2）钢筋网的构件单元：宜按 1 榀的组件形式；几何信息应包括环向长度 L_c（m）、钢筋型号（mm）、网格间距 L_s（mm）；非几何信息应包括类别、类型、代码、工程量（kg）、钢型号 H、里程等。隧道横洞交叉口局部钢筋模型示例如图 4-24 所示。

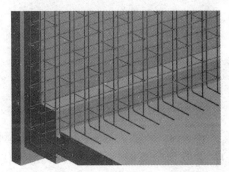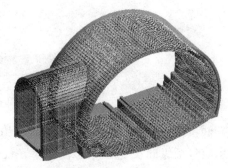

图 4-24　隧道横洞交叉口局部钢筋模型示例

（3）型钢钢架、格栅钢架的构件单元：宜按一榀的组件形式，且包含节点连接板、节点螺栓等细部构件；几何信息应包括环向长度 L_c（m）、榀间距 L_d（mm）；非几何信息应包括类别、类型、代码、工程量（kg）、型钢型号、钢型号 H、里程等。隧道单榀钢拱架及横洞交叉口钢拱架模型示例如图 4-25 所示。

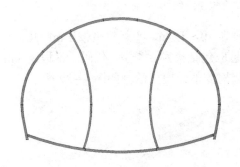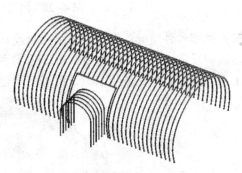

图 4-25　隧道单榀钢拱架及横洞交叉口钢拱架模型示例

（4）喷射混凝土的构件单元：宜按循环开挖纵向长度，不同围岩级别差别较大，一般为 1~3 m，实际建模按 1 m；几何信息应包括纵向长度 L（m）；非几何信息应包括类别、类型、代码、工程量（m³）、混凝土强度等级 C、里程等。隧道喷射混凝土单元构件模型示例如图 4-26 所示。

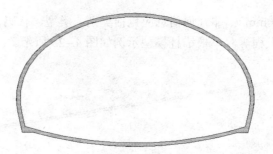

图 4-26　隧道喷射混凝土单元构件模型示例

（5）仰拱构件单元：宜按模筑纵向长度，一般为 6～8 m，实际建模按 1 m；几何信息应包括纵向长度 L（m）、厚度 δ（cm）；非几何信息应包括类别、类型、代码、工程量（m³）、混凝土强度等级 C、钢型号 H、里程等。隧道仰拱构件单元模型示例如图 4-27 所示。

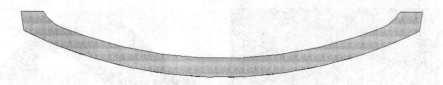

图 4-27　隧道仰拱构件单元模型示例

（6）仰拱填充、底板的构件单元：宜按模筑纵向长度，一般为 6～8 m，实际建模按 1 m；几何信息应包括纵向长度 L（m）、厚度 δ（cm）；非几何信息应包括类别、类型、代码、工程量（m³）、混凝土强度等级 C、里程等。隧道仰拱填充模型示例如图 4-28 所示。

图 4-28　隧道仰拱填充模型示例

（7）拱墙构件单元：宜按模筑纵向长度，一般为 10～12 m，实际建模按 1 m；几何信息应包括纵向长度 L（m）、厚度 δ（cm）；非几何信息应包括类别、类型、代码、工程量（m³）、混凝土强度等级 C、钢型号 H、里程等。隧道拱墙构件单元模型示例如图 4-29 所示。

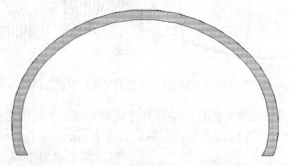

图 4-29　隧道拱墙构件单元模型示例

3. 模型组合

建立项目整体模型，首先应对项目具体位置拟定定位文件，选择位于项目中间桩号附近

图 4-30　项目定位文件拟定示例

特征点为项目基点，并在项目样板文件中修正基点参数，如图 4-30 所示，并单独保存。需要注意的是，定位文件的创建，X 轴、Y 轴坐标数据的单位应换算为 mm，Z 轴（高程）数据单位为 m。

对于分离式长大隧道建模，为拆解模型体量及减少电脑运行负荷，宜基于同一项目定位文件分幅建模，分幅创建完成之后采用模型链接的方式拼合模型。

在本案例中，模型建立采用基于 Revit 的建模二次开发插件进行创建。具体步骤如下。

（1）基于项目定位文件创建项目，并将已经创建完成的隧道族库（自适应公制常规模型族）逐个载入项目，如图 4-31 所示。

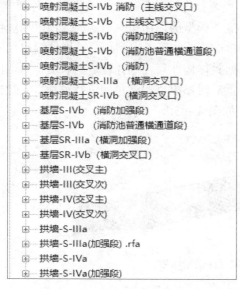

图 4-31　显示部分隧道族库载入项目

（2）选择【隧道建模】选项卡下【自动搭建盾构隧道】，选择需要创建具体部位的构件族，设定奇数环、偶数环为同一构件族、同一分幅。如图 4-32 所示。

（3）单击【打开 TXT 坐标文件 自动搭建】，选择前期准备好的坐标数据"平面纵断（yK）.txt"文件，软件自动完成该部分隧道模型创建。隧道局部创建效果和整体模型效果分别如图 4-33 和图 4-34 所示。

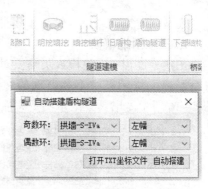

图 4-32　隧道模型创建参数的选择

图 4-33 隧道局部创建效果

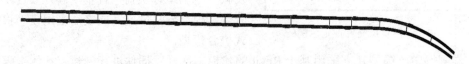

图 4-34 隧道整体模型效果

4. 隧道预留预埋件建模

隧道为隐蔽式地下工程，主体涵盖专业多，预留预埋件数量庞大，规格型号种类丰富，但是预留预埋件必须在模型中得到具体体现，才能使模型的应用更具有意义。预留预埋件的建模宜采取先创建主体结构模型，后进行逐个替换的方式。但考虑到预留预埋件洞口尺寸的关系，模型构件单元不得采用逐米创建；而应根据具体构件尺寸选择合适的长度，两端保持整米里程。在具体模型创建中定位到具体构件位置后对原模型构件单元进行替换，同时删除重复的多余构件，以保证模型的精度和准确性。如图 4-35 所示。

图 4-35 隧道预留预埋件模型创建

4.2.6 BIM 模型的应用

模型创建完成之后，针对于模型的初期应用主要基于以下几点。

1. 三维图纸审核

在建模过程中，建模人员需要对设计图纸进行全面的审读，复核图纸信息的准确性，同时对于在二维图纸中不易发现的空间碰撞问题、设计接合问题进行快速直观的呈现。如图 4-36 所示，出具三维审图及碰撞检查分析报告。

☐ ZJYGJ-SGS-BIMSH-CZ8B-01贵州重遵T8标项目桐梓隧道第一阶段图纸审核报告
☐ ZJYGJ-SGS-BIMSH-CZ8B-02贵州重遵T8标项目桐梓隧道瓦斯水气分离装置空间位置BIM模型分析报告
☐ ZJYGJ-SGS-BIMSH-CZ8B-03贵州重遵T8标项目桐梓隧道车行横洞交叉口处钢拱架图纸审核及BIM碰撞检查分析报告
☐ ZJYGJ-SGS-BIMSH-CZ8B-04贵州重遵T8标项目桐梓隧道车行横洞交叉口处二衬钢筋图纸审核及BIM碰撞检查分析报告

图 4-36 三维审图及碰撞检查分析报告

2. 工程量复核

基于模型构件赋予的几何信息和非几何信息，可在模型中根据具体需求提取相关信息，特别是对于工程量的复核，可将 BIM 模型中提取的单工程量与传统计算方法算得的工程量进行比对，减少工程量计算出错的可能性。基于模型提取的工程量如图 4-37 所示。

混凝土工程数量(主洞左线)

桩号	设计点坐标	工程量	族与类型
K42+265.000 - K42+266.000	1(531840.233,3128296.001,1031.832) - 2(531840.912,3128295.268,1031.85)	10.42 m³	仰拱-S-Tb:左幅
K42+266.000 - K42+267.000	1(531840.912,3128295.268,1031.85) - 2(531841.592,3128294.534,1031.867)	10.42 m³	仰拱-S-Tb:左幅
K42+267.000 - K42+268.000	1(531841.592,3128294.534,1031.867) - 2(531842.271,3128293.800,1031.885)	10.42 m³	仰拱-S-Tb:左幅
K42+268.000 - K42+269.000	1(531842.271,3128293.800,1031.885) - 2(531842.951,3128293.067,1031.902)	10.42 m³	仰拱-S-Tb:左幅
K42+269.000 - K42+270.000	1(531842.951,3128293.067,1031.902) - 2(531843.630,3128292.333,1031.92)	10.42 m³	仰拱-S-Tb:左幅
K42+270.000 - K42+271.000	1(531843.630,3128292.333,1031.92) - 2(531844.310,3128291.599,1031.937)	10.42 m³	仰拱-S-Tb:左幅
K42+271.000 - K42+272.000	1(531844.310,3128291.599,1031.937) - 2(531844.989,3128290.865,1031.955)	10.42 m³	仰拱-S-Tb:左幅
K42+272.000 - K42+273.000	1(531844.989,3128290.865,1031.955) - 2(531845.669,3128290.132,1031.972)	10.42 m³	仰拱-S-Tb:左幅
K42+273.000 - K42+274.000	1(531845.669,3128290.132,1031.972) - 2(531846.348,3128289.398,1031.99)	10.42 m³	仰拱-S-Tb:左幅
K42+274.000 - K42+275.000	1(531846.348,3128289.398,1031.99) - 2(531847.028,3128288.664,1032.007)	10.42 m³	仰拱-S-Tb:左幅
K42+275.000 - K42+276.000	1(531847.028,3128288.664,1032.007) - 2(531847.707,3128287.931,1032.025)	10.42 m³	仰拱-S-Tb:左幅
K42+276.000 - K42+277.000	1(531847.707,3128287.931,1032.025) - 2(531848.387,3128287.197,1032.042)	10.42 m³	仰拱-S-Tb:左幅
K42+277.000 - K42+278.000	1(531848.387,3128287.197,1032.042) - 2(531849.066,3128286.463,1032.06)	10.42 m³	仰拱-S-Tb:左幅
K42+278.000 - K42+279.000	1(531849.066,3128286.463,1032.06) - 2(531849.746,3128285.730,1032.077)	10.42 m³	仰拱-S-Tb:左幅
K42+279.000 - K42+280.000	1(531849.746,3128285.730,1032.077) - 2(531850.425,3128284.996,1032.095)	10.42 m³	仰拱-S-Tb:左幅
K42+280.000 - K42+281.000	1(531850.425,3128284.996,1032.095) - 2(531851.105,3128284.262,1032.112)	10.42 m³	仰拱-S-Tb:左幅
K42+281.000 - K42+282.000	1(531851.105,3128284.262,1032.112) - 2(531851.784,3128283.528,1032.13)	10.42 m³	仰拱-S-Tb:左幅

图 4-37　基于模型提取的工程量

3. 可视化交底

基于 Revit 三维模型可直观地展现结构物具体形态，特别是在结构复杂部位、施工重点及难点部位，通过直观的三维模型展示与交底，可以避免因施工作业人员、管理人员理解上的偏差而造成推倒重来式的浪费。模型的三维可视化效果如图 4-38 所示。

图 4-38　基于模型的三维可视化技术交底

4. 辅助测量放线

工程中有许多测量点在坐标设计图纸并没有给出，需要测量人员在施工过程中通过测点计算。现利用 BIM 模型提取各关键点坐标，并与测量人员计算出的测量数据复核，可使得测量数据更加准确。如图 4-39 所示。

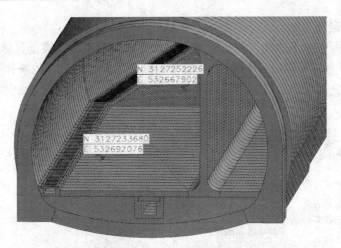

图 4-39 基于模型的三维测量数据提取

本实例中仅列举几项基本的简单应用。基于 BIM 模型的应用还有很多，特别是结合信息化技术（互联网、物联网等技术）还可以延伸出很多应用点，对于提升项目实施的管理精度有着极为重要的促进作用。

4.3 钢结构建筑和钢桥建模

土木工程各个方向的结构都会涉及钢结构，包括主体结构和临时支撑结构，以下通过两个实例说明钢结构厂房和钢箱梁桥的建模方法，如图 4-40 和图 4-41 所示。

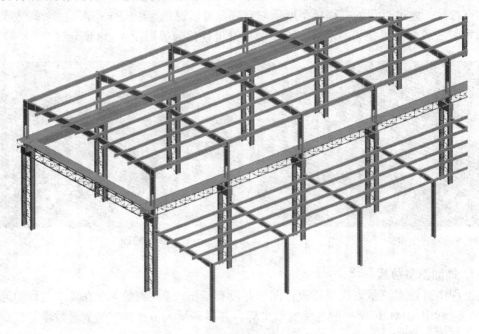

图 4-40 钢结构厂房模型

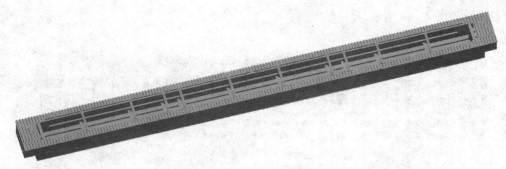

图 4-41　钢箱梁桥模型

4.3.1　工业厂房钢结构建筑建模实例

以某钢结构工业厂房为例。首先使用软件提供的样板文件"结构样板"新建一个项目文件，开始本案例模型的创建。建模的主要五个步骤概述为：①创建标高和轴网；②创建横向排架体系；③绘制屋面梁；④完成其他榀屋架的建模；⑤建立纵向结构体系。

1. 创建标高和轴网

根据设计要求，在结构的主要控制标高上创建标高和轴网，如图 4-42 和图 4-43 所示。

图 4-42　创建标高

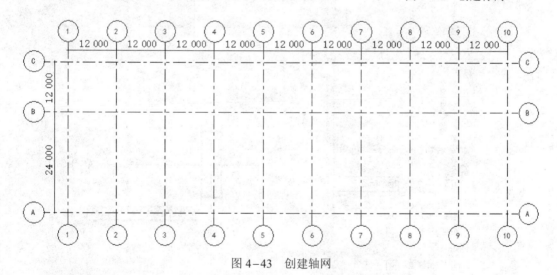

图 4-43　创建轴网

2. 创建横向排架体系

创建横向排架中的刚架模型，包括钢柱和钢梁。

1）创建结构柱

首先绘制每一榀排架中的结构柱。使用结构柱：空腹钢柱-工字形双肢柱及工字形柱。

打开所提供的族文件"空腹钢柱-工字形双肢柱.rfa"，放置"空腹钢柱-工字形双肢柱"。

（1）单击【插入】选项卡下【载入族】，将"空腹钢柱-工字形双肢柱，rfa"载入到当前项目中，如图 4-44 所示。

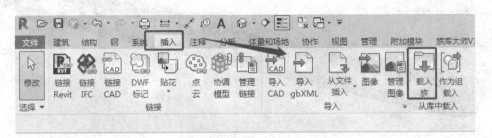

图 4-44　载入族结构族

（2）进入楼层平面：在"±0.000"平面视图上，在【结构】选项卡中选择【结构】面板下的【柱】命令，并在【类型选择器】中选中类型"空腹钢柱-工字形双肢柱：A1"将一个柱子实例放置在"10 轴"与"A 轴"的交点上（如图 4-45 和图 4-46 所示）。应当注意的是，在放置过程中单击【垂直柱】命令。

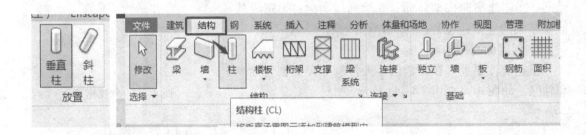

图 4-45　选择肢柱

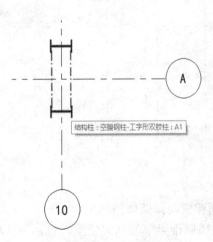

图 4-46　放置柱

在放置柱子时，可根据项目实际放置方向按 Enter 键，调整放置方向。

图 4-47 编辑类型

复制该柱子到"10 轴"和"B 轴"的交点上，然后放置边跨结构柱。

在【结构】选项卡中选择【结构】面板下的【柱】命令，并在【类型选择器】的类型"UC-通用柱-柱"中选择"305 x 305 x 97UC"，如图 4-47 所示。

单击【类型选择器】的【编辑类型】按钮，打开【类型属性】对话框，单击【复制】按钮打开【名称】对话框，对新建柱子类型命名为"600 x 300"，如图 4-48 和图 4-49 所示。

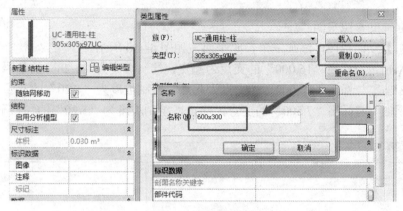

图 4-48 新建类型

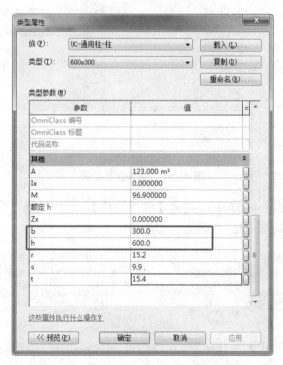

图 4-49 设置钢柱参数

修改调整新定义柱子的参数后，将柱子实例放置到"10 轴"和"C 轴"的交点上。

2）绘制梁节点构件

（1）节点构件族的特点。

根据构件使用部分的不同，本案例使用两种节点构件族："钢架斜接头（双坡）.rfa"和"钢架斜接头（大于90°）.rfa"。

①"钢架斜接头（双坡）.rfa"用于双坡屋面梁的屋脊处，在屋脊处的下部可连接中柱，也可以是无柱的跨中（本项目用于无柱的跨中）。

②"钢架斜接头（大于90°）.rfa"用于坡屋面的坡底处的檐口。

③节点构件主要参数包括：与之连接的柱顶的宽度，与之连接的梁的高度、屋顶的坡度。

（2）建立辅助参照平面。

单击【东】立面视图，添加三条参照平面，如图4-50所示。

①以"A轴"与标高"16.000"的交点为起点，绘制坡度为"1/20"的参照平面。

②以"B轴"与标高"16.000"的交点为起点，绘制坡度为"1/20"的参照平面。

③以"C轴"与标高"7.500"的交点为起点，绘制坡度为"1/20"的参照平面。

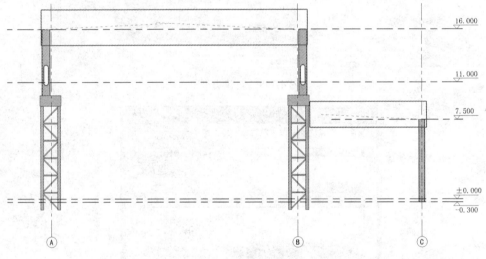

图4-50　绘制参照平面

（3）放置构件。在图4-51中，找到【放置构件】，然后选择【插入】|【载入族】，载入族"钢架斜接头（双坡）.rfa""钢架斜接头（大于90°）.rfa"。

图4-51　【放置构件】

进入楼层平面"7.500"平面视图，在【结构】选项卡中选择【构件】面板下的【放置构件】命令，在【类型选择器】中"钢架斜接头（大于 90°）"选择"1/20 2"，在轴网"10轴"和"C 轴"相交处放置实例，如图 4-52 所示。

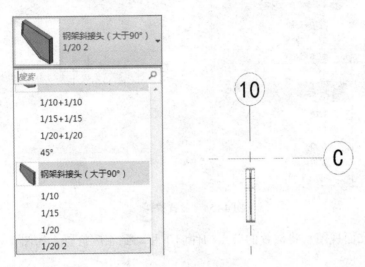

图 4-52　放置构件

进入楼层平面"16.000"平面视图，在【类型选择器】中"钢架斜接头（大于 90°）"选择"1/20"，在轴网"10 轴"和"A 轴"相交处放置一个实例，如图 4-53 所示；在轴网"10轴"与"B 轴"相交处做同样处理。

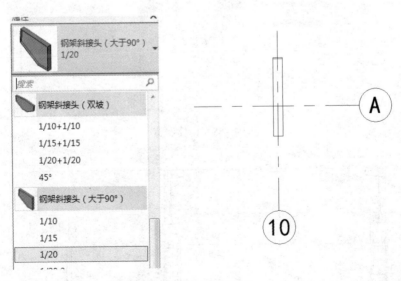

图 4-53　放置构件

在【类型选择器】的"钢架斜接头（双坡）"选择"1/20+1/20"，在轴网"10 轴"与"A轴""B 轴"相交处位置放置实例，如图 4-54 所示。

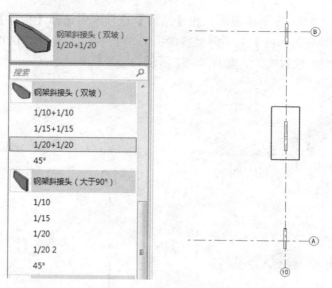

图 4-54　放置构件

单击【东】立面视图，将放置的节点构件向下移动到相应位置，如图 4-55 和图 4-56 所示。

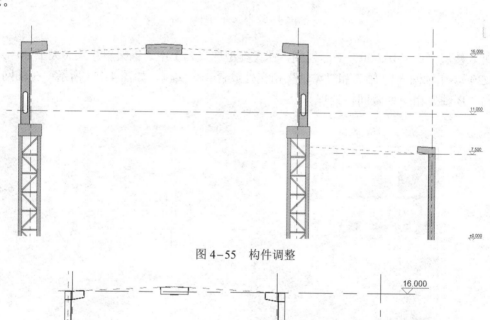

图 4-55　构件调整

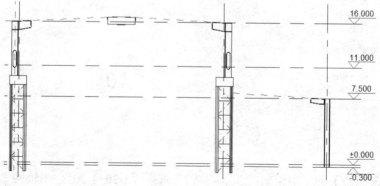

图 4-56　构件调整

图 4-57　操作命令

3. 绘制屋面梁

每榀屋架由三根屋面梁组成，每坡一根，绘制方法如下。

（1）选择【插入】|【载入族】，载入"工字形实腹钢梁.rfa"。

（2）单击【东】立面视图，选择【工作平面】|【设置】，进入【工作平面】对话框，如图 4-57 所示。

（3）选中【名称】选项，在名称后面的下拉选择框汇总中选中"轴网：10"为工作平面，单击【确定】，如图 4-58 所示。

（4）在【结构】选项卡中选择【结构】面板下的【梁】命令，并在【类型选择器】的"工字形实腹钢梁"中选择"300×800"，绘制高跨双坡的两根屋面梁。绘制时注意自动捕捉到相关的参照平面，如图 4-59 和 4-60 所示。

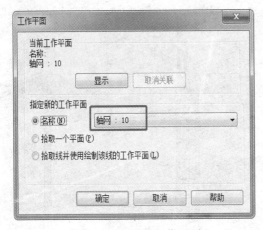

图 4-58　设置工作平面

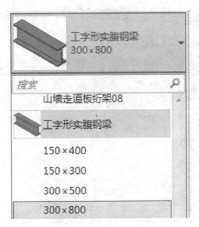

图 4-59　选择类型

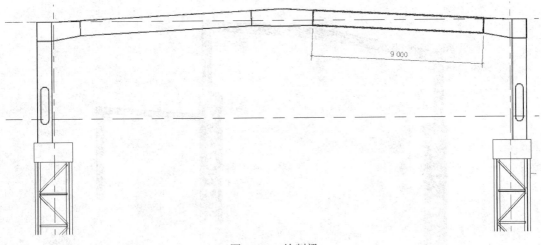

图 4-60　绘制梁

（5）使用相同的方法并选择类型"工字形实腹钢梁"中的"300×500"绘制低跨单坡的屋面梁，如图4-61所示。

图4-61　选择梁

（6）绘制该钢梁时，其与高跨双肢柱的连接处空出一段距离，选中梁，将梁端头拖动到双肢柱处。

至此，完成一榀屋架的建模，如图4-62和图4-63所示。

4. 完成其他榀屋架的建模

本案例中，各轴网上的屋顶相同，使用以下步骤进行复制，完成相同的屋架建模。

（1）在【东】立面视图中，选中轴网"10轴"。上屋架的所有构件，选择【修改】|【创建】|【创建组】，将其组成组，并在【创建模型组】对话框中命名为"双跨屋架"，如图4-64所示。

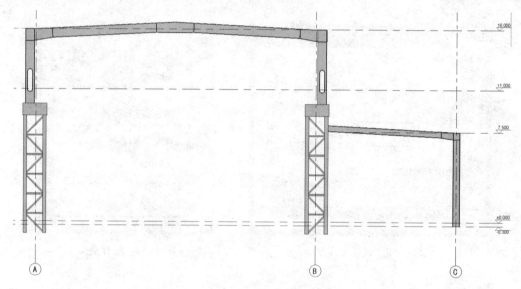

图4-62　立面图

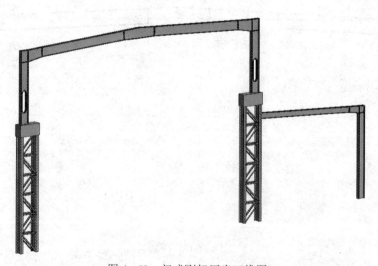

图4-63　门式刚架厂房三维图

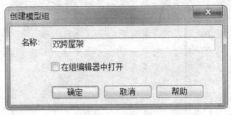

图 4-64　创建组

（2）进入楼层平面"0.000"平面视图，选中组"双跨屋架"，选择【修改】|【复制】，将模型组复制到"1～9 轴"上。

完成模型如图 4-65 所示。

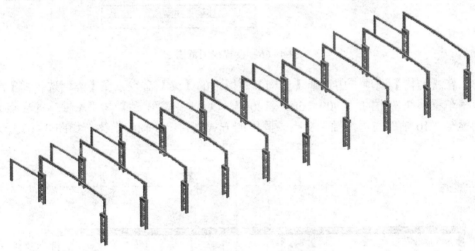

图 4-65　门式刚架厂房三维图

5. 建立纵向结构体系

纵向结构体系与横向排架垂直，形成稳定的排架结构体系。在钢结构排架结构体系中参与纵向连接的结构体系包括吊车梁桁架系统、屋面连系梁、屋面檩条系统、柱间支撑。

在本案例中使用桁架族："吊车梁系统.rfa"和"山墙抗风桁架.rfa"。参数族可根据项目设计尺寸进行参数设置，如高度、宽度等。

本项目中的桁架族可使用绘制梁命令进行创建。

1）绘制吊车梁桁架

（1）选择【插入】|【载入族】，将"吊车梁系统.rfa"载入到项目中。

（2）选择进入楼层平面"11.000"的平面视图，修改该视图的视图范围。在【属性】对话框中选择【视图范围】|【编辑】，打开【视图范围】对话框，修改【视图范围】中各项参数，如图4-66所示。

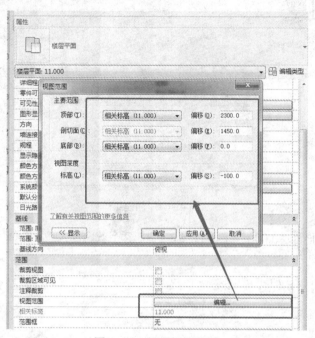

图4-66　设置视图范围

（3）在【结构】选项卡中选择【结构】面板下的【梁】命令，在【类型选择器】中选择类型"吊车梁系统"中的"（900+750）x1200"，以从轴网"1轴"与"A轴"的交点为起始点绘制梁至"10轴"与"A轴"交点；同样的方式创建"B轴"上梁，如图4-67所示。

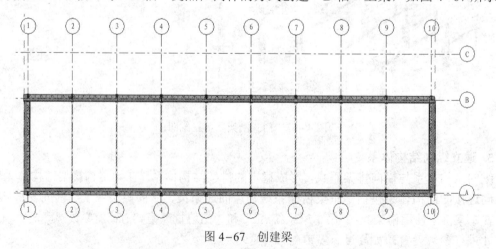

图4-67　创建梁

（4）在【类型选择器】中选择类型"山墙抗风桁架.rfa"，从轴网"1轴"与"A轴"的交点绘制梁至轴网"1轴"与"B轴"的交点；以同样的方式绘制轴网"10轴"上梁。

（5）调整四条桁架的四个交点于合适位置。加完吊车梁和山墙抗风桁架的三维图如

图 4-68 所示。

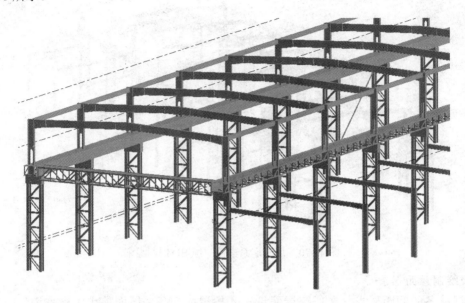

图 4-68　加完吊车梁和山墙抗风桁架的三维图

2）绘制纵向连系梁

纵向连系梁位于屋面檐口处，连接屋架上部，增加纵向刚度。

（1）进入楼层平面"16.000"平面视图，绘制参照平面，参照平面与轴网"A 轴"的"工字形双肢柱"的上柱的水平中心线对齐，如图 4-69 所示。

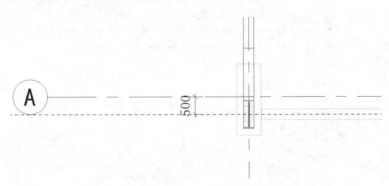

图 4-69　绘制参照平面

（2）在【结构】选项卡中选择【结构】面板下的【梁】命令，在【类型选择器】中选择类型"工字形实腹钢梁"中的"300 x 500"绘制连系梁，绘制起点和终点分别为参照平面与轴网"1 轴"和"15 轴"的交点。

（3）使用同样的方法绘制"B 轴"连系梁。

（4）进入楼层平面"7.500"平面视图，设置其"视图深度"的偏移值为"–100"。

（5）在【结构】选项卡中选择【结构】面板下的【梁】命令，在【类型选择器】中选择类型"工字形实腹钢梁"中的"1500 x 300"绘制连系梁，绘制起点和终点分别为"C 轴"与轴网"1 轴"和"10 轴"的交点。加完连系梁的三维 BIM 模型，如图 4-70 所示。

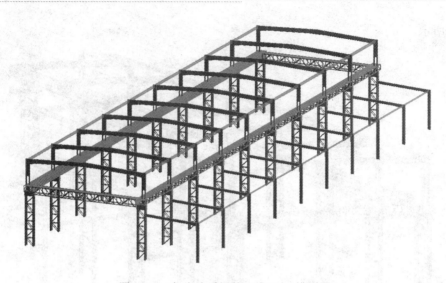

图 4-70　加完连系梁的三维 BIM 模型图

3）绘制屋面檩条

根据檩条的间距要求，在低跨屋面设置 4 根屋面檩条，屋面使用"梁系统"的方法来绘制。

（1）基于"工字形实腹钢梁"新建一种类型：150 x 400，如图 4-71 所示。

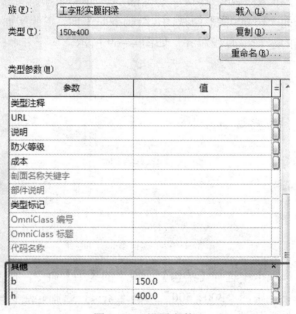

图 4-71　设置参数

（2）进入楼层平面视图，绘制屋面檩条两端定位的参照平面；分别距离"1 轴""10 轴"1 000 mm。

（3）进入【东】立面视图，确定工作平面，通过拾取方式拾取低跨屋面梁的顶面为工作平面，并选择进入"7.500"平面图，如图 4-72 所示。

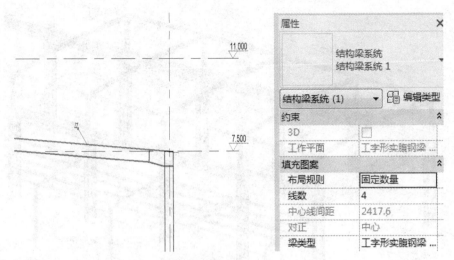

图 4-72　梁系统设置

（4）在【结构】选项卡中选择【结构】面板下的【梁系统】命令，进入绘制状态，【实例属性】对话框可以进行属性设置，如图 4-73 和图 4-74 所示。

图 4-73　梁系统

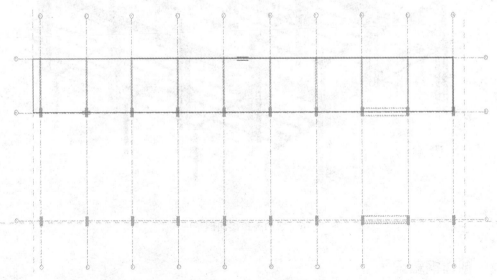

图 4-74　绘制轮廓

（5）进入"东"立面视图进行调整。增加低屋面檩条的模型如图 4-75 所示。

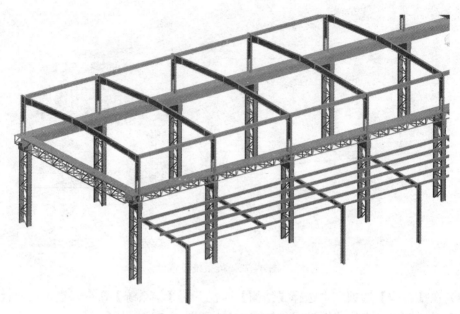

图 4-75　增加低屋面檩条的模型图

使用同样方法创建高跨屋面檩条。增加高跨屋面檩条的模型如图 4-76 所示。

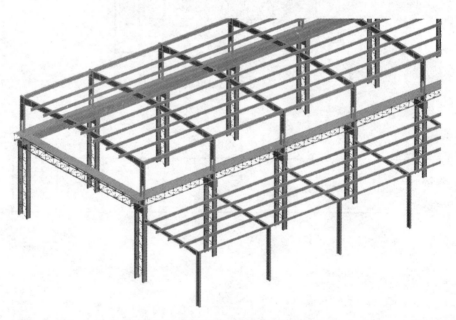

图 4-76　增加高跨屋面檩条的模型

4.3.2　创建钢箱梁

以创建钢箱梁箱体为例，建模的三个主要步骤为：①基于公制常规模型创建钢箱梁外轮廓；②使用拉伸命令创建钢箱梁各部分构件；③组合各部分构件。

1. 选择创建样板

单击【文件】菜单下拉按钮，选择【新建】中【族】中的【公制常规模型.rft】，单击【打开】，如图 4-77 所示。

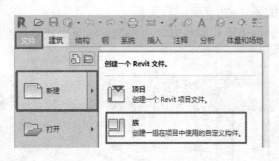

图 4-77　选择族样板

2. 绘制钢箱梁外轮廓步骤

1）绘制参照平面

选择【左】立面视图，选择｜【创建】｜【基准】｜【参照平面】，如图 4-78 所示位置绘制。

图 4-78　绘制参照平面

2）绘制钢箱梁外轮廓

（1）两边。

打开【左】立面视图，选择【创建】|【形状】|【拉伸】，绘制钢箱梁左侧一边轮廓，设置拉伸中点立面中点，如图4-79所示。

应当注意的是，绘制钢箱梁轮廓线时，应根据实际箱梁坡度进行绘制。

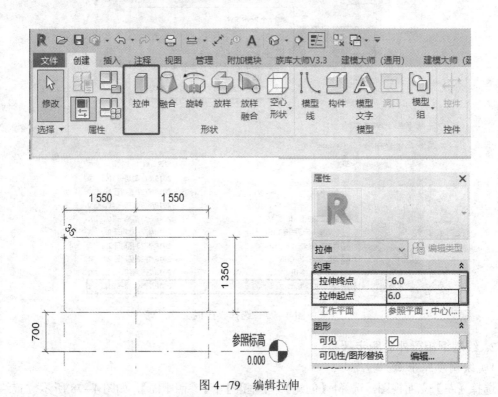

图4-79 编辑拉伸

打开【前】立面视图，单击【拉伸】，绘制钢箱梁主体两边堵头轮廓，如图4-80所示。

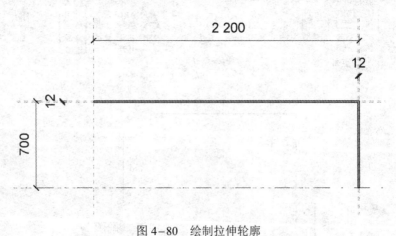

图4-80 绘制拉伸轮廓

三维图如图4-81所示。

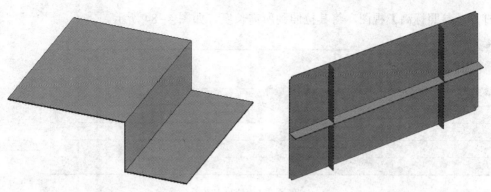

图 4-81 三维图

打开【左】立面视图，用同样的方法，单击【拉伸】命令。

（2）箱体轮廓。

打开【左】立面视图，单击【拉伸】，绘制钢箱梁主体轮廓，如图 4-82 和图 4-83 所示。

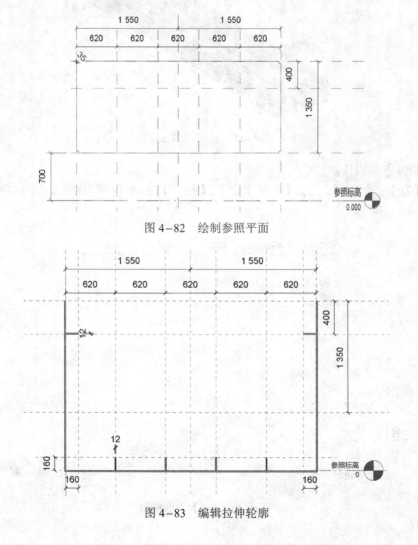

图 4-82 绘制参照平面

图 4-83 编辑拉伸轮廓

打开【参照标高】视图，将其拉伸到所需长度，如图4-84所示。

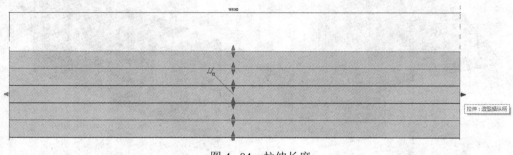

图4-84　拉伸长度

三维图如图4-85所示。

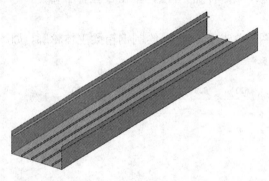

图4-85　箱梁轮廓三维图

（3）编辑内部构件。

打开【左】立面视图，选择【参照平面】|【拉伸】，绘制内部构件。如图4-86和图4-87所示。

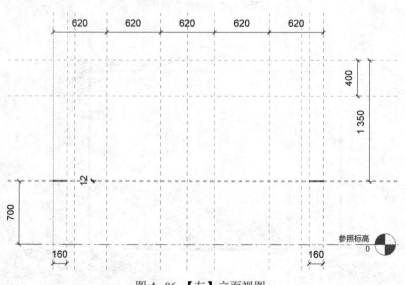

图4-86　【左】立面视图

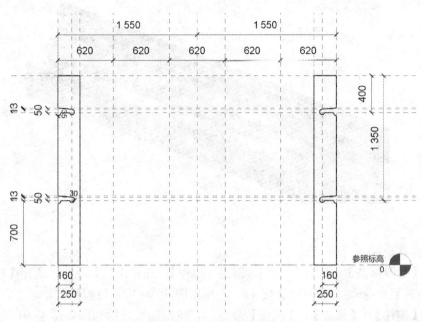

图 4-86 【左】立面视图（续）

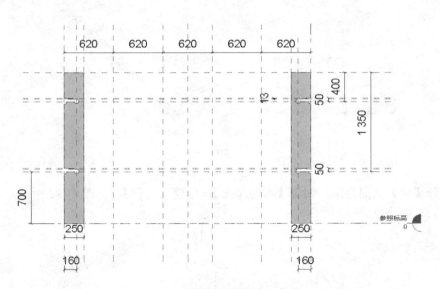

图 4-87 参照平面上编辑内部构件

打开【参照标高】视图，编辑【参照平面】，拖拽操纵柄至相应参照平面位置，选择刚才绘制的构件，选择【修改】|【阵列】，编辑【项目数】，如图 4-88 所示。

图 4-88 设置阵列参数

单击左键后输入间距，完成后如图 4-89 所示。

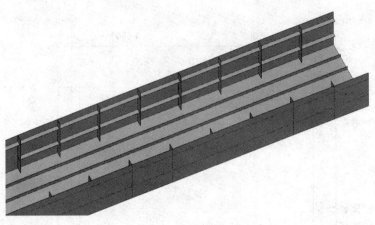

图 4-89　完成阵列

（4）内部构件。

打开【参照标高】|【参照平面】，创建【拉伸】，打开【左】视图，选择【构件】|【修改】|【旋转】命令 ⟳，顺时针旋转 45°，在如图 4-90 所示位置绘制。

单击【构件】|【修改】|【镜像】命令 ⧉，单击轴线，绘制图如图 4-91 所示。

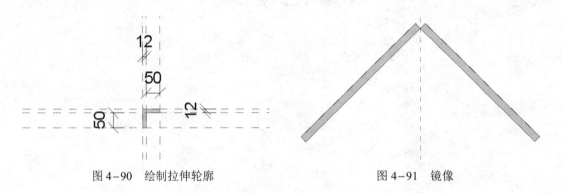

图 4-90　绘制拉伸轮廓　　　　　　　　　　　　图 4-91　镜像

打开【前】立面视图，编辑【参照平面】，创建【拉伸】，如图 4-92 所示。

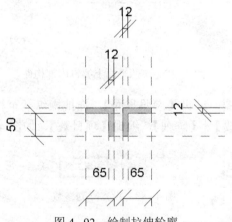

图 4-92　绘制拉伸轮廓

打开【左】立面视图，编辑【参照平面】，创建【拉伸】，如图 4-93 所示。

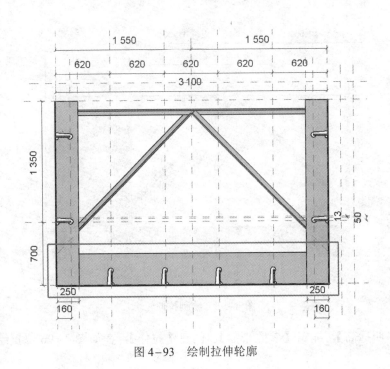

图 4-93　绘制拉伸轮廓

打开【左】立面视图，编辑【参照平面】，创建【拉伸】，如图 4-94 所示。

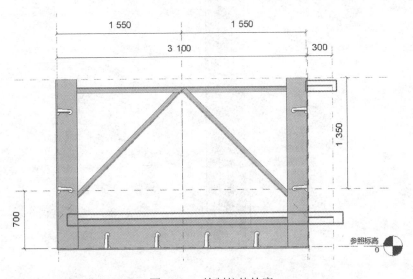

图 4-94　绘制拉伸轮廓

打开【左】立面视图，编辑【参照平面】，创建【拉伸】，如图 4-95 所示。

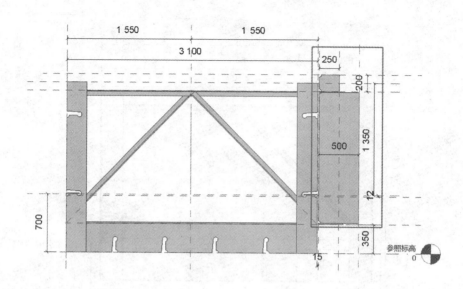

图 4-95　绘制拉伸轮廓

打开【参照标高】，编辑【参照平面】，创建【拉伸】，在如图 4-96 位置绘制。

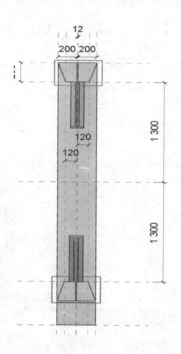

图 4-96　绘制拉伸轮廓

打开【左】立面视图，编辑【参照平面】，创建【拉伸】，绘制模型如图 4-97 所示。

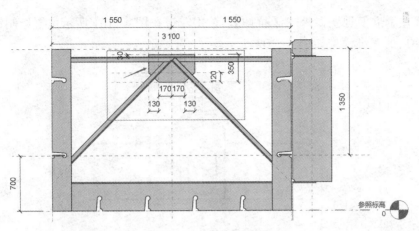

图 4-97 绘制拉伸轮廓

完成以上操作，三维模型如图 4-98 所示。其在钢箱梁中的位置，如图 4-99 所示。

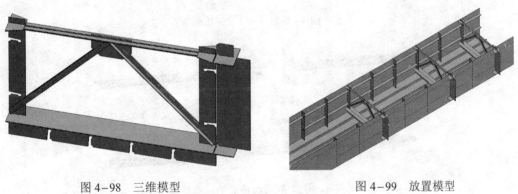

图 4-98 三维模型　　　　　　　　　　　图 4-99 放置模型

打开【左】立面视图，选择【创建】|【基准】|【参照平面】，绘制参照平面如图 4-100 所示。

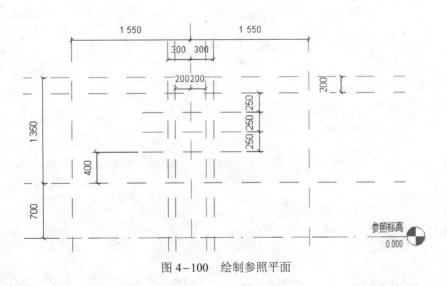

图 4-100 绘制参照平面

165

打开【左】立面视图，编辑【拉伸】，单击左键在图 4-101 所示位置绘制钢箱梁主体轮廓，拉伸后的三维模型如图 4-102 所示。

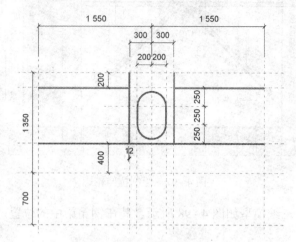

图 4-101　编辑拉伸轮廓

图 4-102　完成拉伸后的三维模型

　　打开【左】立面视图，编辑【参照平面】，使用上面同样的方法，创建【拉伸】，绘制隔板。单击左键，在如图 4-103 和图 4-104 所示位置绘制参照平面。

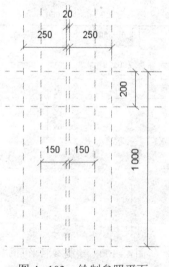

图 4-103　绘制参照平面

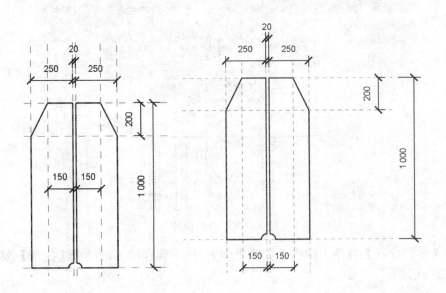

图 4-104　编辑拉伸轮廓

打开【左】立面视图，编辑【参照平面】，选择刚才绘制的模型，选择【修改】|【复制】，复制到相应的位置，如图 4-105 和图 4-106 所示。

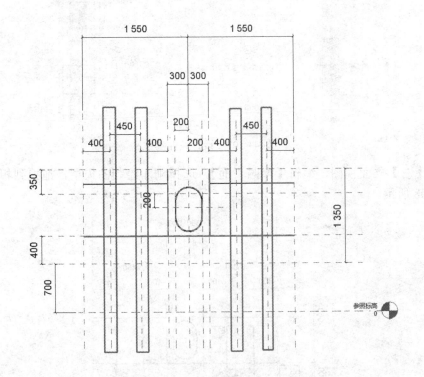

图 4-105　绘制参照平面

167

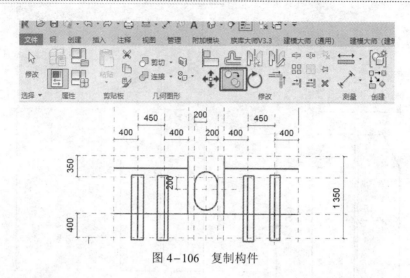

图 4-106　复制构件

打开【参照标高】视图，编辑【参照平面】，使用同样的方法完成【拉伸】参数设置，如图 4-107 所示。

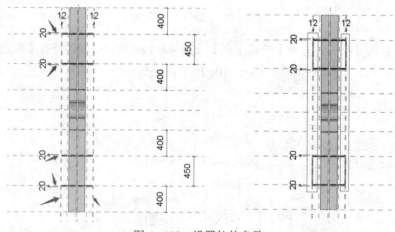

图 4-107　设置拉伸参数

打开【左】立面视图，编辑【参照平面】，选择刚才绘制的模型，拖拽到相应的位置，如图 4-108 所示。

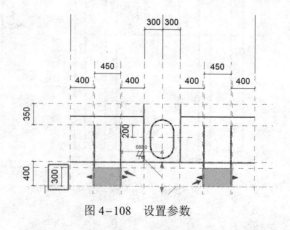

图 4-108　设置参数

完成后的三维模型如图 4-109 所示。

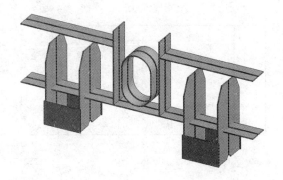

图 4-109　三维模型

打开【左】立面视图，编辑【参照平面】，编辑拉伸轮廓，如图 4-110 所示。

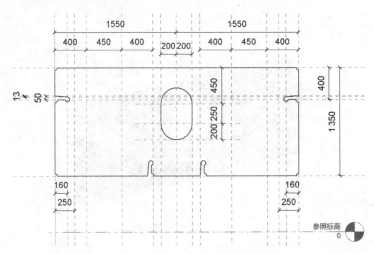

图 4-110　编辑拉伸轮廓

完成拉伸后的三维模型如图 4-111 所示。

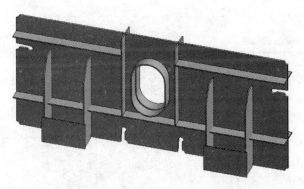

图 4-111　完成拉伸后的三维模型

编辑第二个【隔板】，使用上面同样的方法，打开【左】立面视图，编辑【参照平面】，创建【拉伸】，绘制内容如图 4-112 所示。

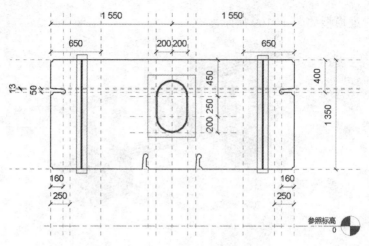

图 4-112　编辑拉伸轮廓

完成拉伸后的三维模型如图 4-113 所示。

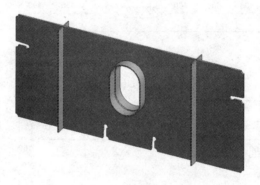

图 4-113　完成拉伸的三维模型

编辑第三个【隔板】，使用上面同样的方法，打开【左】立面视图，编辑【参照平面】，创建【拉伸】，绘制模型如图 4-114 所示。

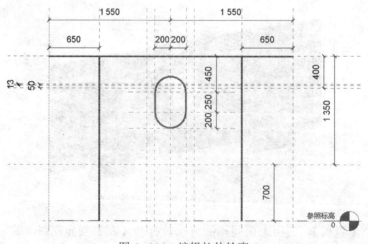

图 4-114　编辑拉伸轮廓

三维如图 4-115 所示。

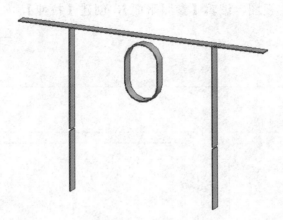

图 4-115　完成拉伸

编辑隔板的拉伸轮廓如图 4-116 所示。

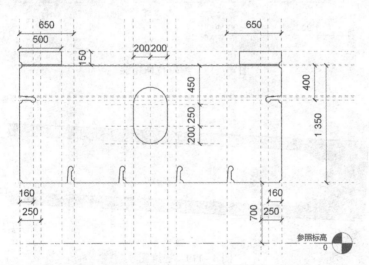

图 4-116　编辑隔板的拉伸轮廓

第二个隔板全部完成后，三维模型如图 4-117 所示。

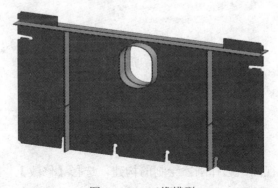

图 4-117　三维模型

3）钢箱梁盖板

打开【参照标高】视图，编辑【参照平面】，创建【拉伸】，如图 4-118 和图 4-119 所示。

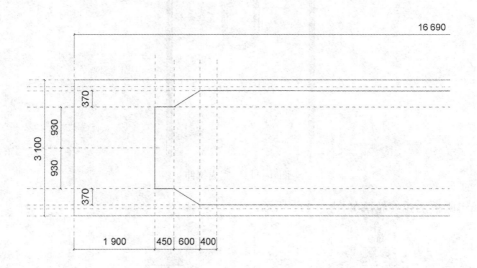

图 4-118　编辑拉伸轮廓

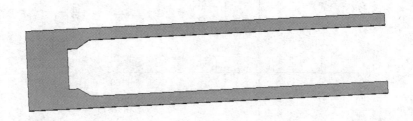

图 4-119　三维图

打开【参照标高】视图，编辑【参照平面】，创建【拉伸】，拉伸高度为 200 mm，如图 4-120 所示。

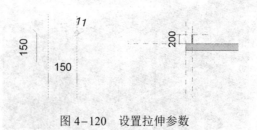

图 4-120　设置拉伸参数

打开【参照标高】视图，选择刚才绘制的构建，选择【修改】|【阵列】，【阵列】间距为 150 mm，如图 4-121 和图 4-122 所示。

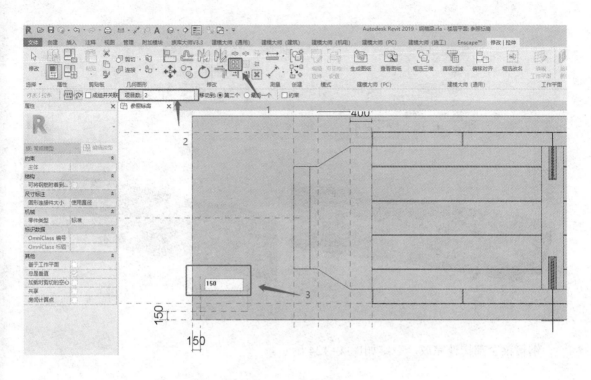

图 4-121　设置阵列参数

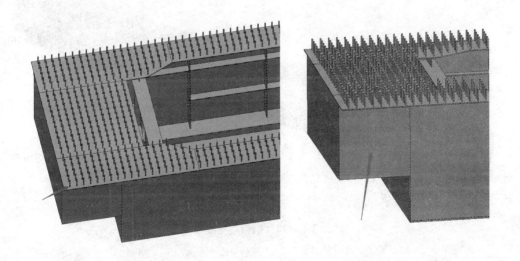

图 4-122　完成阵列的三维模型

使用同样的方法，绘制两侧的构件。

选择【参照标高】|【参照平面】，全选刚才绘制的构建，通过【修改】|【镜像】选择刚才绘制的参照平面，完成镜像如图 4-123 所示。

图 4-123 镜像

钢箱梁全部构件完成，三维如图 4-124 所示。

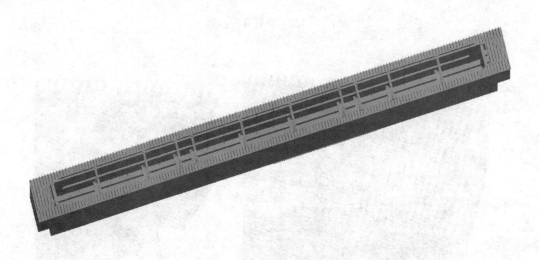

图 4-124 钢箱梁三维模型

习　题

1. 根据如图 4-125 所示的平面及立面图，建立钢管桁架模型。图中右立面下弦杆轴线为圆弧曲线，半径为 15 000 mm，其他未标注的尺寸可取合理值。（第九期全国 BIM 技能等级二级（结构）考试真题）

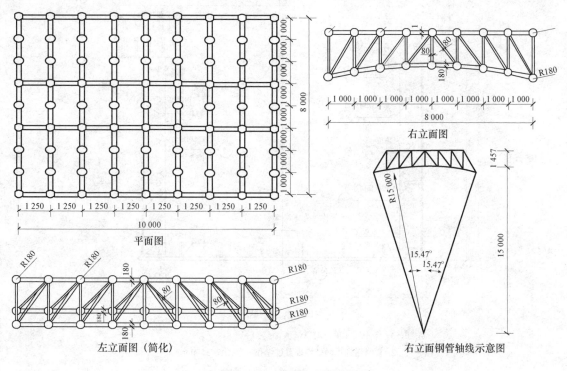

图 4-125　习题 1 图资料

2. 根据图 4-126 创建钢柱节点模型，钢材强度取 Q345，底座混凝土标号为 C25，底座深度、螺栓锚固深度及钢柱高度等自行选择合理值。（第十期全国 BIM 技能等级二级（结构）考试题）

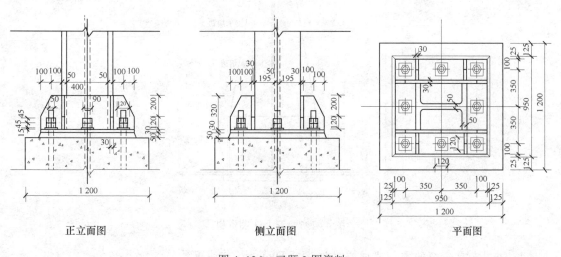

图 4-126　习题 2 图资料

3. 根据所提供的图纸（图 4-127），创建钢箱梁构件模型练习。

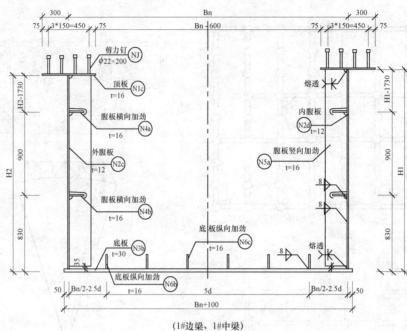

附注：1. 图中尺寸单位均以毫米计；

2. 板材遇到焊缝处均设置过焊孔，半径 *R*=35 mm。

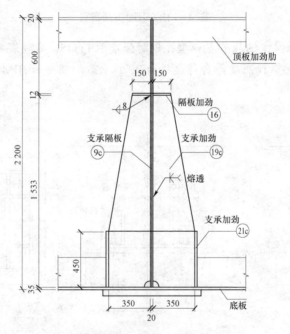

图 4-127　习题 3 图资料

4. 利用本章介绍的案例完成桥梁桩基础 Dynamo 自动布置。

5. 练习建立段隧道的 BIM 模型，按照 1 m 分段，图纸自己选择。

第 5 章

智能化建模的概念与应用

5.1　智能化建模的概念

BIM 技术的应用是围绕着模型及模型数据的应用展开的，因此建模是 BIM 技术应用的基础和前提。但 BIM 建模与二维 CAD 相比，由于维度是 2D 到 3D 的提升，因此给设计带来的工作量是巨大的。比如二维设计时，通过线段的组合即可表达各种建筑物构件，而 BIM 建模则需要创建一个建筑物构件的尺寸、材质、颜色甚至厂商等诸多信息。而且随着 BIM 模型深度的提高，建模所需的时间会进一步大幅增加，这就导致了 BIM 技术在建模阶段就存在一定程度的效率瓶颈。

BIM 技术要实现普及应用，必须提升 BIM 建模的效率。智能化、参数化建模是提高 BIM 建模效率最有效的关键路径。

智能化建模是指利用计算机语言、算法程序实现自动化或者部分自动化建模的过程。在现阶段的技术条件下，还无法做到无人工干预的完全智能化建模，但是结合人工经验和操作做到部分自动化建模已经有较为成熟的解决方案。

现阶段常用的核心 BIM 建模软件以国外软件为主，国内具备相应技术水平的产品仍然是薄弱环节。相信随着国内图形技术、人工智能等技术的成熟，具备自主知识产权的下一代智能化建模软件也会逐步发展起来。

5.2　智能化 BIM 建模技术的应用

国内已经有不少提升建模效率的插件和专用开发软件，本节以"红瓦建模大师"软件的应用为例，说明快速建模（翻模）的主要内容，了解智能化 BIM 建模技术的思路和应用。该软件是基于 Revit 按国内规范和使用习惯进行本土化开发的智能化 BIM 建模软件，利用 Revit 提供的 API 接口，以算法驱动 Revit 相关功能，从而避免大量机械、重复的操作，达到更智能、更快速创建 BIM 模型的目的。

5.2.1　识别 CAD 图纸信息快速建模

如果设计阶段采用 CAD 进行二维设计，可将 CAD 图纸导入 Revit，利用软件提供的 CAD 转化功能提取图纸数据信息，完成自动化快速建模。

1. 轴网转化

在 Revit 中绘制轴网操作难度不高，但较为烦琐耗时。利用 CAD 图纸上已有的轴网信息，直接进行转化建模可以快速完成该项操作。操作流程共分四步，如图 5-1 所示。

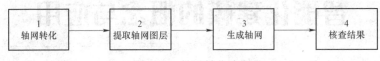

图 5-1　轴网转化流程

将 CAD 图纸链接进 Revit 之后，在软件菜单中单击【轴网转化】按钮，弹出其对话框，如图 5-2 所示。

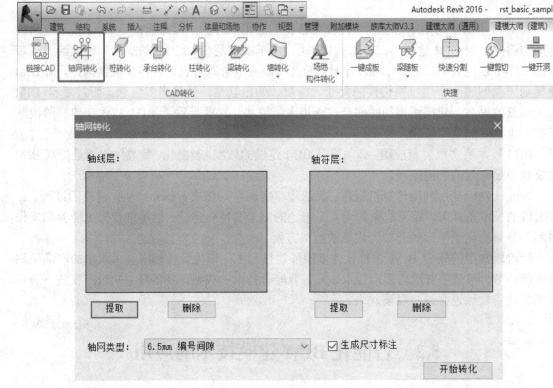

图 5-2　软件菜单、操作界面

在弹出的【轴网转化】对话框中分别单击轴线层和轴符层对应的【提取】按钮，提取 CAD 图层上的轴线、轴符。同图层的线条只需提取一根即可全部提取到，提取时检查是否相应图层信息都已被完全提取。

需要注意的是，轴符层包括了轴线标注、轴符文字等除了轴线以外的所有轴网图层。如果轴线层和轴符层为同一个图层，需要在 CAD 做图层分离后再转化。单击【开始转化】即可生成轴网，操作界面和结果如图 5-3 所示。

转化完成后，对照图纸检查轴网生成情况。如有转化生成错误的，可进行手动删除；如有遗漏的，可使用 Revit 轴网功能进行添加补充。

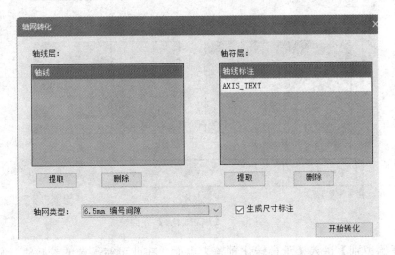

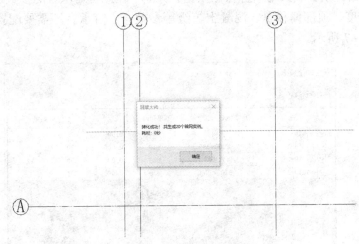

图 5-3　提取图层、转化结果

2. 承台、独立基础转化

承台、独立基础的 BIM 建模，如果未使用智能化建模软件，则需根据给定的图纸逐个创建承台、独立基础族，并按图纸进行一一放置，效率较低。使用红瓦建模大师软件，可以通过"承台转化"命令自动识别承台并创建为 Revit 族，按 CAD 图纸完成自动化放置。承台、独立基础转化流程如图 5-4 所示。

图 5-4　承台、独立基础转化流程

单击菜单上的功能按钮【承台转化】，进入转化操作界面，操作界面的交互与轴网转化类似，同样是分别提取边线层、标注及引线层；不同的是，承台转化支持单阶承台、不放坡多阶、顶部放坡多阶、底部放坡多阶四种形式，在识别前需要选择对应的承台形式，如图 5-5 所示。

建筑信息模型（BIM）技术与应用

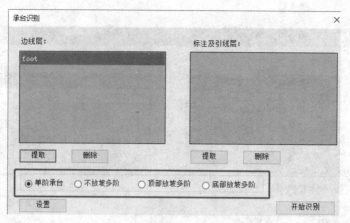

图 5-5　【承台识别】界面

单击【开始识别】进入【承台转化预览】界面，在此可对承台的参数进行修改，单阶承台可以修改高度、顶部偏移量、混凝土等级等参数，多阶承台还需要配置其尺寸信息。如图 5-6 和图 5-7 所示。

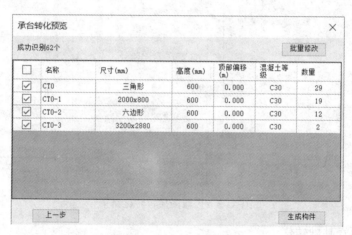

图 5-6　单阶承台转化预览

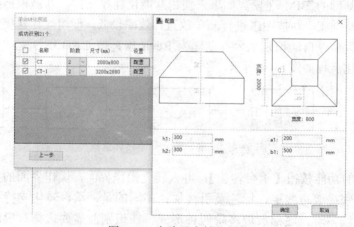

图 5-7　多阶承台转化预览

单击【承台转化预览】界面的【生成构件】即可生成相应的承台，如图 5-8 所示。

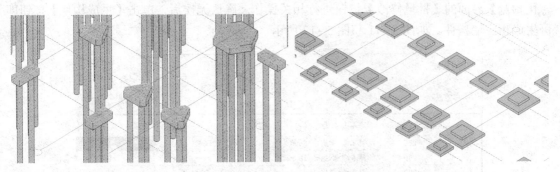

图 5-8　转化结果：单阶承台（左图）、多阶承台（右图）

3. 墙转化

Revit 中绘制墙的命令并不复杂，但如遇到较大的项目，在绘制墙的操作上还是要消耗不少时间。在已有 CAD 图纸的情况下，可通过提取墙线的方式进行 CAD 转化建模，结构墙的转化流程如图 5-9 所示。

图 5-9　结构墙的转化流程

选择【墙转化】命令之后弹出【墙识别】操作界面，依次提取 CAD 图纸中的边线层、附属门窗层，在"预设墙宽"中将图纸中所有墙的墙宽值添加进去。在"参照族类型"对应下拉框中选择所需转化的墙族类型；墙类型可根据实际情况选择结构墙或是建筑墙。如有特殊墙类型需先新增加墙体类型后再进行选择。如图 5-10 所示。

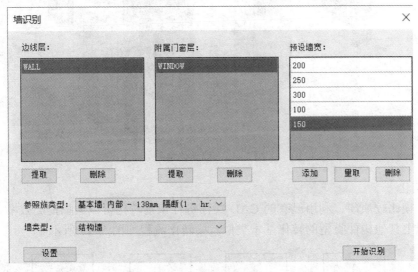

图 5-10　【墙识别】界面

单击【开始识别】跳出【墙转化预览】界面，显示已经成功识别出来的墙构件。在该界面中可根据不同墙厚再选择参照族类型，并修改墙的顶部偏移；如果需要批量修改可选择【墙转化预览】界面的【批量修改】按钮进行相关操作。确认无误后，单击【生成构件】按钮即可生成相应墙构件。如图 5-11 和图 5-12 所示。

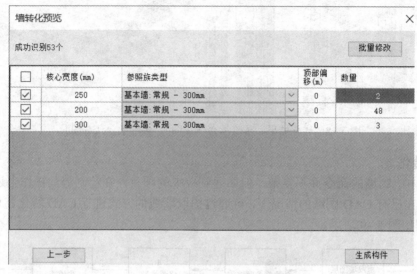

图 5-11 【墙转化预览】界面

图 5-12 墙转化结果

4. 梁转化

梁的建模比较烦琐，利用已有的 CAD 梁图进行识别转化可以大幅提高效率。转化的操作步骤与以上其他构件类型的转化基本类似。梁转化流程如图 5-13 所示。

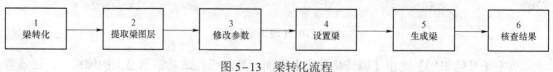

图 5-13 梁转化流程

单击【梁转化】按钮，在弹出的对话框中，提取梁的边线层及标注引线层。由于梁的平法标注存在集中标注，而其中的跨数需要通过支座来判断，因此梁转化前需要先完成结构柱、剪力墙等支座构件的建模。通过对话框左下角的【设置】按钮可以设置当梁遇到柱子、剪力墙时断开，以及设置以梁尺寸命名梁构件等。如图 5-14 所示。

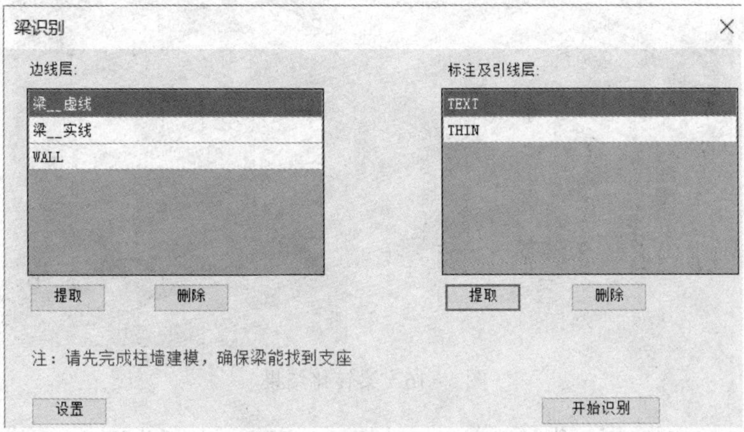

图 5-14　【梁转化】界面

　　单击图 5-14 中【开始识别】进入【梁转化预览】界面，界面中会显示出已成功识别的梁构件，在此界面中可以对梁进行相关设置。"梁顶偏移量"及"梁顶标高"可手动输入数值，如果图中集中标注处标注了偏移量值或原位标注处标注了标高值，也可以直接通过软件识别到。

　　另外，软件还提供提取梁表的功能。如链接图纸中有梁表，单击【梁转化预览】界面右上方【提取梁表】按钮，通过选择梁表范围即可读取识别梁表信息；单击【生成构件】按钮，即可生成已提取识别到的梁构件。如图 5-15 和图 5-16 所示。

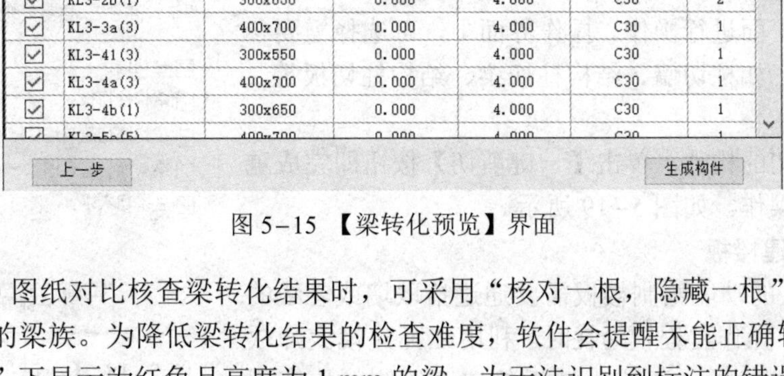

图 5-15　【梁转化预览】界面

　　在与 CAD 图纸对比核查梁转化结果时，可采用"核对一根，隐藏一根"的方式来判断哪些为未核准的梁族。为降低梁转化结果的检查难度，软件会提醒未能正确转化的梁构件，在"着色模式"下显示为红色且高度为 1 mm 的梁，为无法识别到标注的错误梁，用替换族类型的方式将其更正为正确的梁即可。

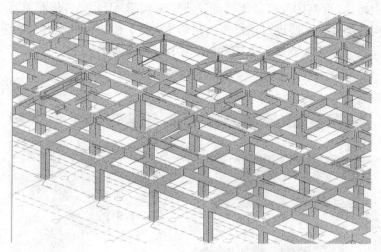

图 5-16　梁转化结果

软件的 CAD 识别转化功能运用在不同的构件类型中，其操作方法、交互方式都较为类似，总体上操作难度不高，大幅提高了 BIM 建模的智能化程度。其他构件的 CAD 转化如桩、柱子、门窗等不再一一讲解。

5.2.2　基于模型的快捷建模和深化

1. 重叠构件一键剪切

利用 CAD 转化完成柱、梁、墙构件建模后，可能会出现墙体与柱、梁发生重叠的情况，这是由于构件未进行连接，可以使用一键剪切功能进行批量连接。一键剪切流程如图 5-17 所示。

图 5-17　一键剪切流程

单击【一键剪切】按钮弹出其操作对话框，可选择【框选剪切】或【全部剪切】。【框选剪切】直接对需要互相剪切的构件进行剪切，【全部剪切】可以按照楼层进行剪切，但切换至楼层平面进行操作。操作界面中，可选择需要参与剪切的构件，如柱切墙、结构柱切梁、结构柱切板等。如图 5-18 所示。

选择要剪切的构件，单击【一键剪切】按钮即完成重叠构件的剪切操作。如图 5-19 所示。

2. 快速创建楼板

Revit 原生的功能绘制楼板需要通过拾取墙或者线的方式逐个绘制，操作过程较为耗时。利用红瓦建模大师软件的智能化建模功能，可实现楼板的快速绘制。快速创

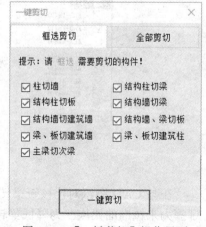

图 5-18　【一键剪切】操作界面

建楼板流程如图 5-20 所示。

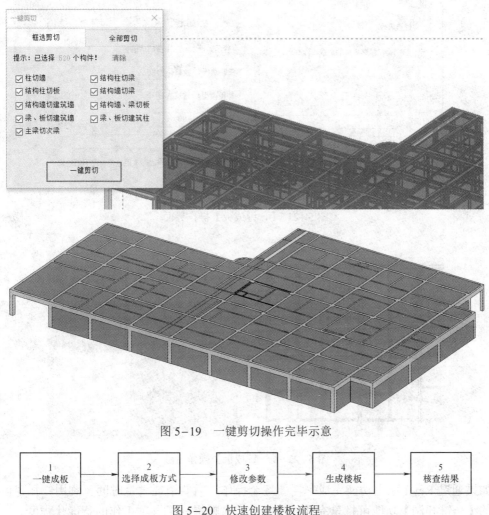

图 5-19　一键剪切操作完毕示意

| 1 一键成板 | 2 选择成板方式 | 3 修改参数 | 4 生成楼板 | 5 核查结果 |

图 5-20　快速创建楼板流程

　　单击【一键成板】按钮，弹出其操作对话框，对话框中有【框选成板】和【点击成板】两个页签。【框选成板】以所框选构件的封闭区域生成楼板，【点击成板】从所选位置处自动向外找封闭区域生成楼板。如图 5-21 所示。

　　在【一键成板】对话框中可以对要生成的楼板进行设置，包括参照楼板、楼板类型、高度偏移等，高度偏移用以调整升、降板。需要注意的是，生成楼板必须在生成柱与梁之后，否则无法识别到楼板边界。利用【一键成板】的操作必须在楼层平面，不能在三维视图中进行。若提示无法生成楼板，是因为所框选的构件或所选择的区域无法找到封闭区域，可核查该处是否形成封闭区域。操作过程和成板效果如图 5-22 所示。

3. 建筑构件开洞

　　完成建筑结构和机电 BIM 模型的创建后，往往需要将机电管线与建筑结构进行专业集成，以进一步落实 BIM 技术应用。根据管线走向在建筑构件上进行开洞是其中非常重要的应用点。

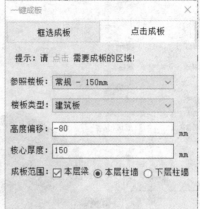

图 5-21 【一键成板】操作界面

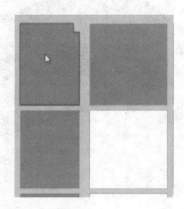

图 5-22 【一键成板】操作示意

如果通过 Revit 原生功能完成，需要逐个操作，需要消耗大量时间。利用红瓦建模大师软件的【一键开洞】功能可批量完成相应工作，大幅提高了该项工作的智能化程度。一键开洞流程如图 5-23 所示。

图 5-23 一键开洞流程

单击【一键开洞】按钮弹出其操作对话框，在对话框中可勾选需要开洞的构件（墙、梁、板）、开洞的管线（管道、风管、桥架），以及选择是按所选择到的建筑构件还是管线开洞。在【开洞设置】中可对开洞进行各项设置，如是否加墙套管、是否合并相邻洞口等，以确保开出的洞口符合实际应用的需求。具体操作界面如图 5-24 所示。

一键开洞支持将机电模型链接至建筑结构模型中进行开洞，若链接的是机电模型，且需要按管线进行开洞，注意在【管线位置】处选择"链接模型中"。完成相关设置后，单击【一键开洞】即可实现在建筑构件上将指定管线穿过处快速开洞。

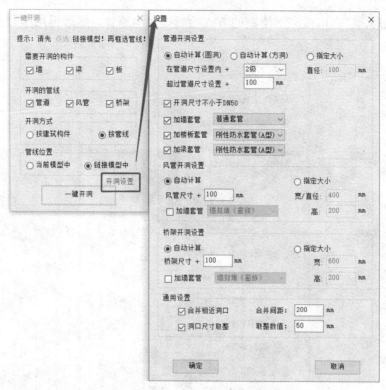

图 5-24　【一键开洞】操作界面

5.2.3　基础构件快速建模

1. 集水井快速建模

在 Revit 中绘制集水井需要进行相应族的创建，这是一个相对较为复杂的过程。通过红瓦建模大师软件提供的功能可以使集水井建模更加简易、高效。集水井建模流程如图 5-25 所示。

图 5-25　集水井建模流程

单击【集水井】按钮弹出其操作界面，包含三个功能页签：【按井口绘制】（同时生成集水井及井口）、【按底部绘制】（只生成集水井，不生成井口）、【单独井口】（只生成井口，可用于绘制排水沟）。

根据图 5-26 操作界面中预览图上标注的尺寸信息，设置需要创建的集水井参数。集水井的井坑深度为相对于板面的偏移量值，坡底标高为绝对标高值。若要生成边坡坡度不同的集水井，需选择【不同坡度】选项，先绘制集水井轮廓，然后更改边坡坡度值。选中需要设置坡度值的边坡后软件以红线高亮线的形式显示，此时可进行设置。

通过软件生成的集水井，相交处会自动融合形成一个新的集水井，极大降低了集水井建模的难度，并提高了效率。如图 5-27 所示。

绘制排水沟，可先用按底部绘制的方式绘制排水沟整体，然后再用单独井口方式绘制沟体。

图 5-26　【集水井】界面

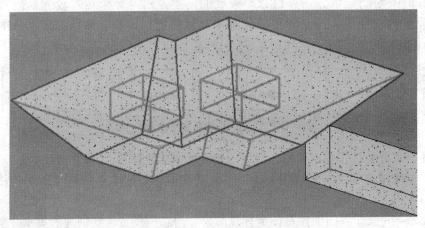

图 5-27　相交处集水井自动融合

2. 基础垫层快速生成

　　在施工 BIM 建模的过程中，需要在模型中创建基础垫层，以确保模型与实际施工场景更为贴切。利用红瓦建模大师软件的基础垫层功能，可以在指定构件下快速生成所需的基础垫层。具体的操作流程如图 5-28 所示。

图 5-28 基础垫层快速生成流程

单击【基础垫层】功能按钮弹出其操作界面，在操作界面中可选择【需要生成垫层的构件】，【独立基础】【条形基础】【结构基础板】【结构框架】，为复选形式，可单选或多选，根据实际工程项目需要进行操作界面设置；还可设置垫层厚度、混凝土等级、外扩宽度。基础垫层使用的是楼板族，可以通过增加楼板类型来增加垫层族类型。软件默认是使用【框选生成】，如需【点选构件】生成，再勾选操作界面左下角【点选构件】。

框选需要生成垫层的构件，单击【一键生成】按钮即可完成操作，如图 5-29 所示。

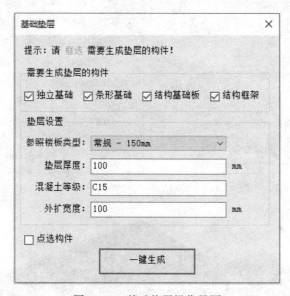

图 5-29 基础垫层操作界面

5.2.4 二次结构快速生成

在实际施工中对二次结构进行 BIM 建模有不少应用点，准确地创建二次结构 BIM 模型可提升施工精细化管理水平。但由于二次结构往往是在主体结构完成后才进行的，因此建模也非常容易遗漏；红瓦建模大师软件基于本土化规范将相关二次结构的生成规则内置于软件之中，用简单的功能即可完成二次结构的智能化快速建模。二次结构（构造柱）快速生成流程如图 5-30 所示。

图 5-30 二次结构（构造柱）快速生成流程

单击【生成构造柱】功能按钮，弹出其操作界面，在操作界面可设置柱长、柱宽，可选

建筑信息模型（BIM）技术与应用

择"随墙宽"，也可以直接输入具体的数值。如需生成马牙槎，则勾选相应复选框，并设置其厚度、高度及间距即可。单击【生成规则】可进行构造柱的生成规则设置，根据工程项目的实际情况进行相应设置后单击【确定】按钮即可。如图 5-31 所示。

完成相应设置之后，框选需要生成构造柱的建筑墙，点击【一键生成】按钮即可完成构造柱的自动生成。生成效果如图 5-32 所示。

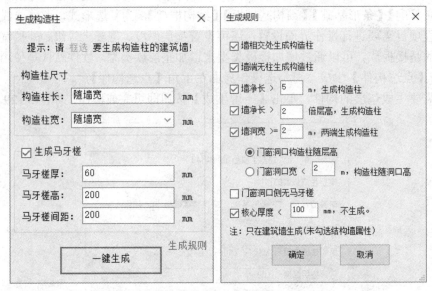

图 5-31　二次结构（构造柱）操作界面

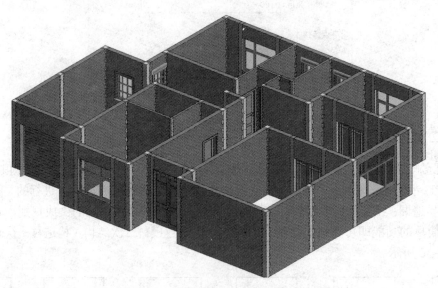

图 5-32　二次结构（构造柱）生成效果

过梁、圈梁的智能快速生成与构造柱的操作流程类似，单击相应功能按钮之后，按默认或者根据自行设置的参数即可生成相应构件，本书不再详细讲解具体流程，具体操作界面如图 5-33 和图 5-34 所示。

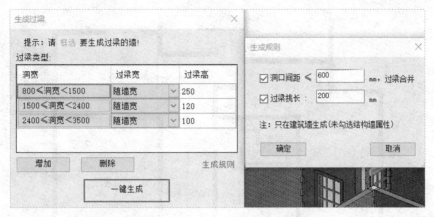

图 5-33　二次结构（过梁）操作界面

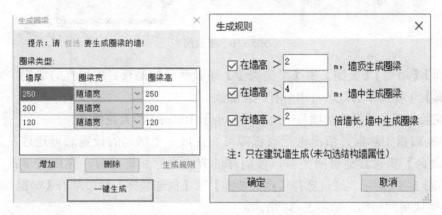

图 5-34　二次结构（圈梁）操作界面

5.2.5　房间装饰

对房间装饰进行 BIM 建模是一个比较烦琐的工作，需要对房间内的楼地面、墙面、墙裙、踢脚、天花板等分别进行精装效果建模。利用红瓦建模大师软件的房间装饰功能，可实现房间装饰的快速建模。其流程如图 5-35 所示。

图 5-35　房间装饰操作流程

通过 Revit 的【房间分割】命令绘制分割线，将模型中的大块区域分割成相应的房间区域，然后通过【房间】命令布置房间，并更改房间名为所需的名称。如图 5-36 所示。

在红瓦建模大师软件的菜单中单击【房间装饰】功能按钮弹出操作界面，可选择【点选装饰】或【框选装饰】。在生成房间装饰前，需要先单击【装饰配置】进行楼地面、墙面、墙裙等装饰配置。

【楼地面】及【梁板抹灰】中【板底类型】下拉显示的是项目中所有的板族。

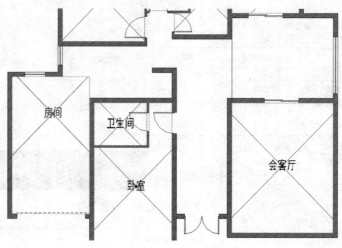

图 5-36　布置房间

【墙面】【墙裙】【天棚】中【梁侧类型】下拉显示的是项目中所有的墙族。

【踢脚】下拉显示的是项目中所有的轮廓族。

【天花板】下拉显示的是项目中所有厚度小于 100 mm 的天花板族。

偏移量根据实际项目情况进行设置即可。完成一个房间的设置后可通过左侧的【复制】【重命名】新建其他房间类型，按同样的方式进行装饰配置，完成后单击【确定】按钮，如图 5-37 所示。通过选择【点选装饰】或【框选装饰】后，单击【一键完成】按钮即可自动生成房间装饰，如图 5-38 所示。

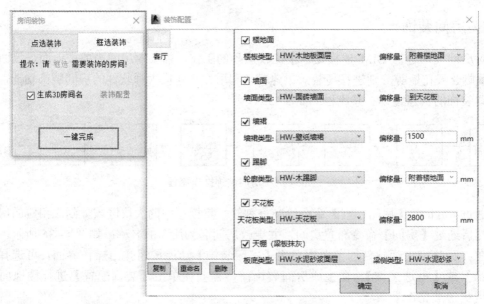

图 5-37　配置房间装饰

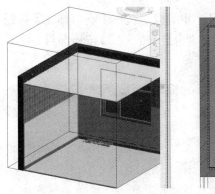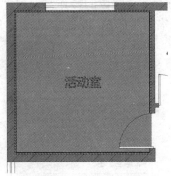

图 5-38　生成房间装饰效果

5.2.6　标注及出图

图 5-39　墙尺寸操作界面

完成 BIM 建模后，通过模型导出平面视图是一项重要的 BIM 应用，导出的图纸需要进行相应标注或定位才能有效地传递 BIM 信息。标注文字在 Revit 中也属于一种族，常规情况下需要完成相应文字族编辑，并进行逐个标注，比较耗时。用红瓦建模大师软件的标注出图功能，可以快速完成相应操作。

单击【墙尺寸标注】功能按钮弹出其操作界面，选择需要标注的内容，目前可选的标注有标柱子、标墙厚，勾选复选框，框选需要标注的墙段，单击【一键生成】按钮即可完成相应标注的自动生成。如图 5-39、图 5-40 所示。

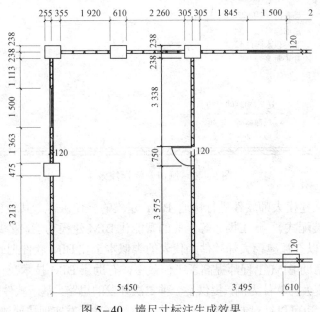

图 5-40　墙尺寸标注生成效果

对洞口进行标注、定位的操作与墙尺寸相类似。选择【洞口标注】按钮，进行相应的勾选和设置，框选需要生成洞口定位的部位，单击【一键生成】按钮即可。如图 5-41 和图 5-42 所示。

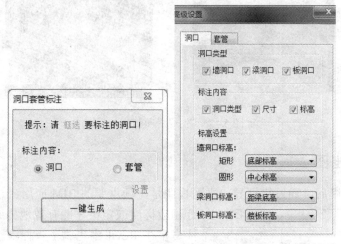

图 5-41　洞口套管标注操作界面

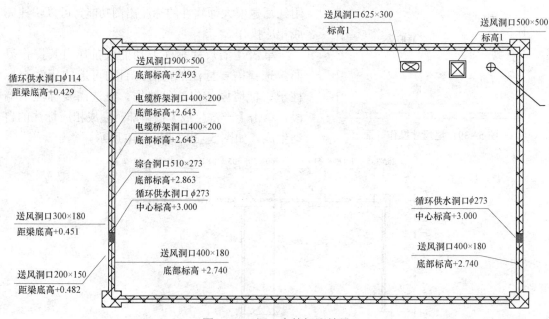

图 5-42　洞口套管标注效果

以上为通过红瓦建模大师软件进行快速 BIM 建模的操作讲解。其他模块提供了机电、精装修、PC（混凝土装配式）、施工场布等专业的智能化 BIM 建模功能，多数操作交互都比较类似且学习难度较低。以红瓦建模大师软件为代表的类似本土化 BIM 软件把 Revit 操作的复杂性、重复性大幅降低，帮助 BIM 工程师提高了工作效率，有助于 BIM 技术在行业内进一步普及。

以上以红瓦建模大师软件为例，提供了一种二次开发的思路。基于软件建模平台提供的 API 接口，不同专业人员也可以针对专业的特殊做法，通过二次开发实现快速建模，以提升效率。

5.3　BIM 团队多人协同设计建模

BIM 设计建模是一项需要高度协同的工作。如果不能及时协同，一个专业的模型已经做了调整，另外一个关联专业却还基于调整前的模型进行创建，这往往造成大量无谓的重复劳动。这类问题不仅影响到个人效率，还对团队效率、公司效益有着较大的影响。

如果可以实现高效、实时的 BIM 协同设计和建模，就可以在很大程度上避免效率的损失，提升团队的智能化建模水平。目前有不少软件平台可以实现协同设计的功能。以下介绍其中的通过协同大师软件平台实现 Revit 协同设计和建模。"红瓦协同大师"是一个基于 Revit、Revit Server 和 Web 的协同设计（建模）管理系统。其目标是要辅助 BIM 团队快速简单地建立一套协同设计体系，提高团队协同工作效率。

5.3.1　安装软件

软件下载后按指引进行安装，安装界面如图 5-43 所示，选择安装位置后单击【立即安装】即可。

图 5-43　软件安装界面

安装完成后在桌面上会显示对应的软件图标，双击软件图标可自动加载 Revit 进入软件系统，Revit 菜单中出现协同大师操作菜单。如图 5-44 所示。

图 5-44　协同建模 Revit 插件功能菜单

5.3.2　创建协同项目

双击"协同大师"客户端进入协同大师软件，单击【创建新团队】，输入团队名称，单击【创建】按钮即可。要进入已加入的团队，选择相应的团队名称后双击即可进入该团队。如图 5-45 所示。

进入团队之后可以创建项目，在如图 5-46 所示页面，单击【创建新项目】，进入创建新项目页面。填写项目名、项目描述，在【模型同步地址】栏中粘贴协同大师模型服务端的模型同步地址。在【选择团队成员】中选择项目成员，或者先不做选择，项目创建完成后再添加或邀请人员。

🧩 协同大师

BIM大赛

XX医院项目团队

XX广场项目

XX大厦项目

瓦匠建工集团

红瓦测试团队

+创建新团队

图 5-45　创建团队

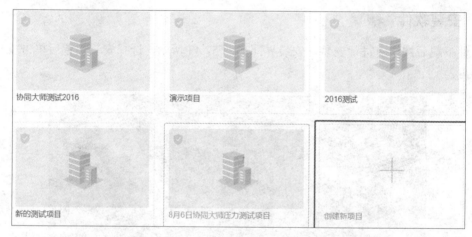

图 5-46　创建项目

5.3.3　邀请项目成员加入

　　登录协同大师后进入团队，单击顶部的【团队】页签，进入团队页面可邀请团队成员加入项目。如图 5-47 所示，单击【邀请新成员】按钮，跳出邀请链接对话框，单击【复制】按钮，将邀请链接通过 QQ、微信等社交软件发送给需要邀请的人，被邀请人单击链接即可申请加入该项目。团队管理员可以审核决定是否允许申请人加入。

图 5-47　邀请项目成员加入

5.3.4　新建中心模型

　　在项目列表页面，单击需要进入的项目；进入模型页面，单击【新建中心模型】按钮，输入模型名称，单击【确定】按钮即可新建一个中心模型，如图 5-48 所示。

图 5-48　新建中心模型

5.3.5 管理工作集

在新建的中心模型右侧可添加工作集。如图5-49所示，单击【添加工作集】即可根据项目需要添加工作集，可给该工作集指派相应负责人，并指定截止时间。

图5-49 管理工作集

5.3.6 建模及项目管理

完成以上设置即可开始正式的 Revit 建模。单击模型名称或图片，可在 Revit 中打开模型，打开后选择负责的工作集，即可开始模型创建工作。成员关闭模型，会弹出更新记录填写框，如图 5-50所示，填写的更新内容会同步在管理端，方便团队管理人员掌握成员建模进度。

在协同大师中还可利用"碰撞检查""净高分析""净高平面"功能及时发现团队协同BIM 设计和建模中不合理之处。单击相应功能按钮之后，设置检测规则，软件就会根据设置自动进行碰撞检查、净高分析和净高平面检查等操作，并出具相应成果报告。以碰撞检查为例，如图5-51所示。

图5-50 填写建模更新记录

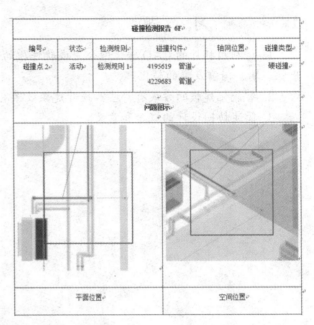

图 5-51 碰撞检查及成果输出

通过协同大师软件可提升利用 Revit 进行 BIM 建模的协同效率，满足 BIM 团队远程跨区域协同的需求，并可通过权限设置和加密机制，实现模型数据的安全控制。

本章围绕智能化 BIM 建模作了相关介绍，在项目实践中，团队可充分利用程序算法、基础数据、多人协同平台提高智能化建模水平，提高 BIM 实施效率，最大化提升 BIM 技术应用价值，如图 5-52所示。

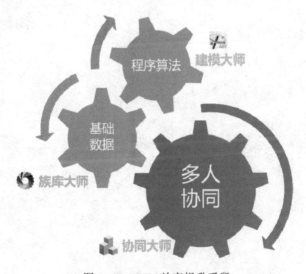

图 5-52 BIM 效率提升手段

习　题

1. 请利用插件的 CAD 转化命令完成软件原始安装目录下的初始图纸的轴网、桩、承台、暗柱、墙、门窗及梁的转化。

2. 智能化建模的方式有哪些？提升建模效率有哪些解决方案？

3. 简述协同设计的概念和意义。

第6章

BIM 模型的扩展应用

6.1 日光设置和应用

在 Revit 中，可以对项目模型进行日光设置和应用，用来反映自然光和阴影对室内外空间和场地的影响；日光的显示可以为真实模拟也可以动态输出为视频文件。进行日光设置和应用的主要步骤为设定项目位置、开启阴影和日光路径、日照分析（包含静态和动态的）、导出成果。下面主要介绍其基本操作。

6.1.1 设定项目位置

首先设置项目的地理位置，选择【管理】|【项目位置】|【地点】，打开【位置、气候和场地】对话框。在【位置】选项卡下的【项目地址】中输入项目地点的关键字，如"中国上海"，然后单击【搜索】按钮进行搜索，确定项目的地理位置，如图 6-1 所示。

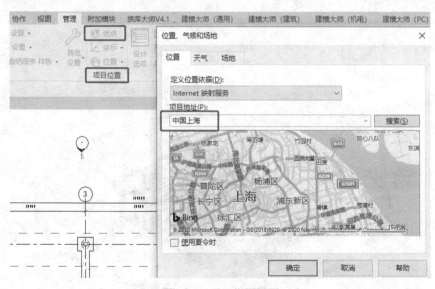

图 6-1 项目位置设置

6.1.2 开启阴影和日光路径

单击【视图】|【视觉样式】按钮，打开【图形显示选项】对话框，勾选【投射阴

影】，在【照明】中将【日光设置】为"一天日光研究"，如图 6-2 所示。

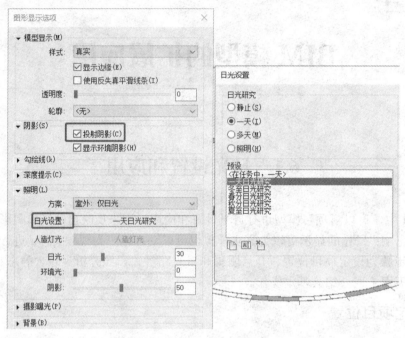

图 6-2　日光设置

　　选择【视图】|【打开日光】|【打开日光路径】选项，即打开本视图中日光路径的显示，如图 6-3 所示。

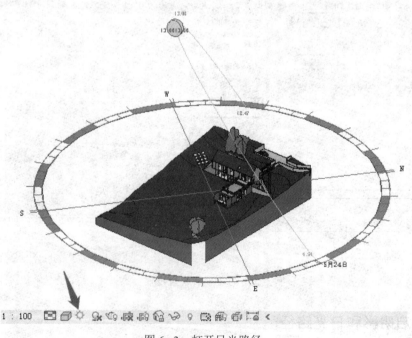

图 6-3　打开日光路径

6.1.3　日光研究

日光研究一共有四种模式：静止、一天、多天和照明，下面主要介绍一天内日照的动态分析。

单击【视图】控制栏中的【打开日光】按钮 ☼，选择【日光设置】选项，将打开【日光设置】对话框。选择【日光研究】为"一天"，【地点】保持之前设置的项目位置，设置想要进行日照分析的【日期】【时间】【帧】等具体参数，如图 6-4 所示，单击【确定】按钮。

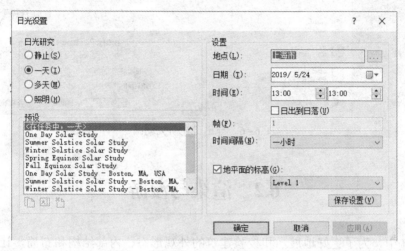

图 6-4　日光设置

单击【视图】控制栏中的【打开日光】按钮 ☼，选择【日光研究预览】选项，出现预览播放控制条，如图 6-5 所示，单击【播放】按钮 ▶，即可在视图中播放一天内的日照变化。

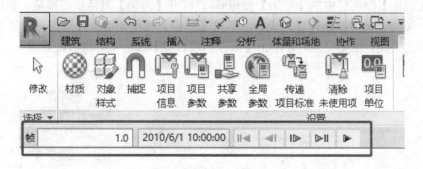

图 6-5　预览播放控制

6.1.4　导出成果

单击【应用菜单栏】按钮，在列表中选择【导出】|【图像和动画】|【日光研究】，在出现的对话框中设置导出视频的长度和格式，设置完毕后单击【确定】按钮，选择保存路径后单击【保存】按钮即可导出日光研究成果文件，如图 6-6 所示。

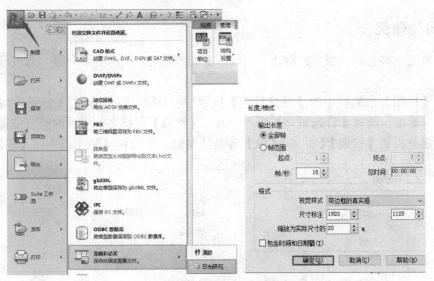

图 6-6 导出日光研究动画

6.2 渲染与漫游

在 Revit 中，为了更好地展示和校验建筑的外观形态、内部结构和布局，让模型展示得更加真实，可以对模型进行渲染与漫游。

6.2.1 渲染的基本操作

单击【视图】控制栏中的【渲染】按钮，打开【渲染】对话框，质量、输出设置、照明、背景、图像等具体参数设置完成后，单击【渲染】按钮即可进行渲染，如图 6-7 所示。渲染需要一定时间，渲染完成后，单击【保存到项目中】按钮即可将渲染效果保存到项目中。

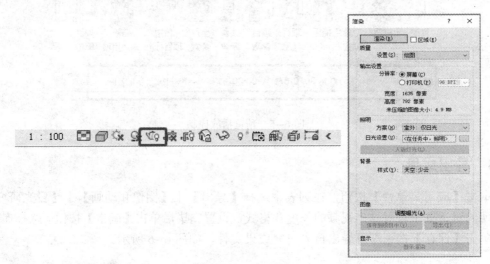

图 6-7 渲染设置

6.2.2　漫游的基本操作

在【视图】选项卡中【三维视图】工具下拉列表，选择【漫游】工具，如图6-8所示。

图6-8　漫游进入菜单

在出现的【修改 | 漫游】选项卡中勾选【透视图】复选框，设置"偏移量"为"1750.0"，即视点的高度为1 750 mm，设置基准标高为F1。

将光标移至绘图区域中，依次单击放置漫游路径中关键帧相机位置。在关键帧之间 Revit 将自动创建平滑过渡，同时每一帧也代表一个相机位置，即视点位置。当漫游路径中的关键帧放置完成后，单击【完成漫游】即可完成漫游路径，如图6-9所示，Revit 将自动新建"漫游"视图类别，并在该类别下建立"漫游 1"视图。

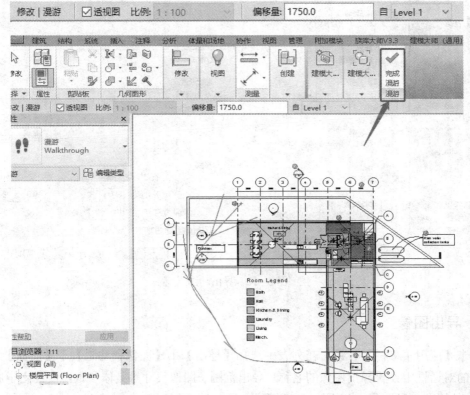

图6-9　创建漫游路径

6.3　导出动画与图像

在模型中进行过渲染与漫游操作之后，为方便模型效果的展示，可以将渲染效果与漫游动画导出为视频与图像文件。通过视频或图片格式文件即可了解工程项目的基本情况，提高 BIM 模型的交互价值。下面介绍其基本操作步骤。

6.3.1　导出动画

打开需要导出动画的"漫游"视图，单击【应用菜单栏】按钮，在列表中选择【导出】|【图像和动画】选项，在出现的对话框中设置导出动画的长度/格式，设置完毕后单击【确定】按钮，如图 6-10 所示。选择保存路径后单击【保存】即可导出动画。

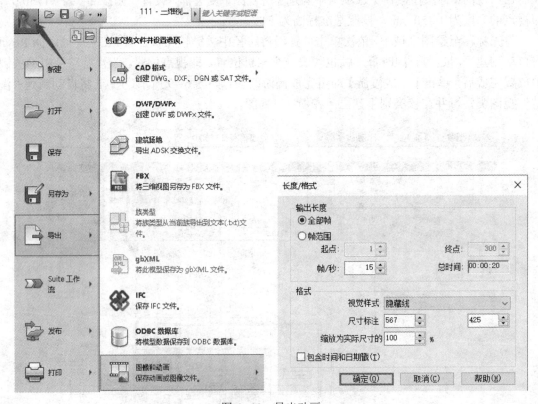

图 6-10　导出动画

6.3.2　导出图像

单击【应用菜单栏】按钮，在列表中选择【导出】|【图像和动画】|【图像】选项，在出现的对话框中设置导出图像的名称、导出范围、图像尺寸等具体参数，设置完毕后单击【确定】按钮即可导图像，如图 6-11 所示。

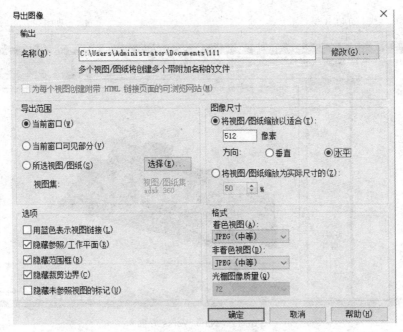

图 6-11　导出图像

6.4　Navisworks 的应用

6.4.1　Navisworks 简介

　　Navisworks 是 Autodesk 公司发布的一款软件，与 Revit 软件互相兼容。创建完成的 Revit 模型可导入到 Navisworks 中进行相关的 BIM 应用工作，如制作施工建造虚拟动画、进行多专业的碰撞检查、工序模拟等。Revit 是一个复杂度较高的设计建模平台，其 BIM 模型成果文件包含了庞大的数据量，Navisworks 则是一个相对轻量化的应用平台。

　　Navisworks 包含三种原生文件格式，分别为 NWD 格式、NWF 格式和 NWC 格式。NWD 格式包含所有模型几何图形和 Navisworks 特定的数据，可以将 NWD 文件看作模型当前状态的快照，通过对模型数据的压缩，可使 NWD 文件非常小；NWF 格式不会保存任何模型几何图形，所以 NWF 文件大小比 NWD 文件还小得多；NWC 格式为 Navisworks 文件的缓存文件格式，在 Navisworks 中对文件进行某些操作时，本地会自动增加.nwc 缓存文件，并在下次打开时自动读取最新的缓存文件，以提高运行效率。

6.4.2　Navisworks 基本操作

　　Navisworks 的界面与 Revit 类似，包含快速访问工具栏、功能栏、可固定窗口、状态栏和主要视图区域几个部分，如图 6-12 所示。

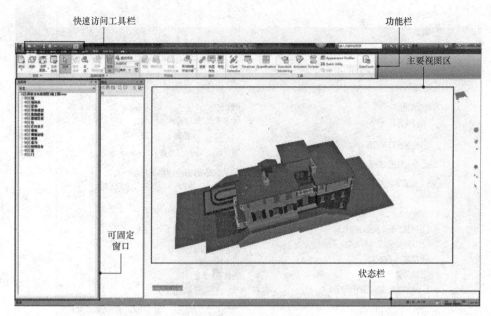

图 6-12 Navisworks 界面

与 Revit 基本一致，若要放大视图，通过鼠标滚动操作，若要缩小则相反；若要平移视图，则按住鼠标滚轮后左右拖动光标；若要动态观察，按住鼠标左键后移动光标就可以围绕当前所定义的轴中心进行旋转。Navisworks 包含几种工作空间模式，分别为安全模式、Navisworks 最小、Navisworks 扩展、Navisworks 标准，如图 6-13 所示。这几种空间模式的区别简单理解就是界面可固定窗口的多少，即当前工作界面附加功能的多少。例如，安全模式一般不包含其他窗口；Navisworks 扩展模式是窗口功能最丰富的工作空间模式，适合高级工作者；一般使用 Navisworks 标准即可满足正常使用。

图 6-13 Navisworks 的几种工作空间模式

Navisworks 选择构件也是多种方式，分别为选择树选择、鼠标选择和类型选择。在标准的工作界面中，默认就会有【选择树】的窗口，如图 6-14 所示。在【选择树】中，包含了当前模型文件的所有构件图元，通过树结构选中图元即可。可以单选也可以框选，通过常用功能栏下的选择方式切换按钮即可，如图 6-15 所示。选中某单体后，还可以进行类型选择，如图 6-16 所示。

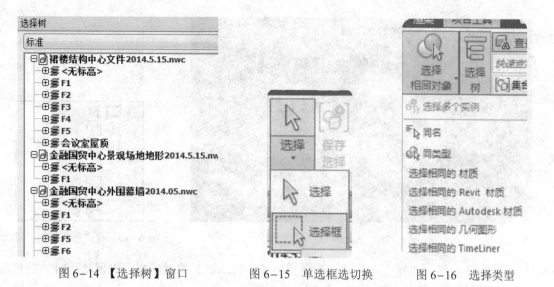

图 6-14　【选择树】窗口　　　图 6-15　单选框选切换　　　图 6-16　选择类型

6.4.3　利用 Navisworks 制作生长动画

Navisworks 包含一个剖分功能。可以采用平面或长方形的方式对模型进行剖分，类似于 Revit 三维视图中的剖面框，如图 6-17 所示。

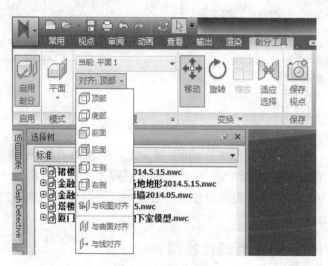

图 6-17　剖分功能

若采用平面方式，当选择各个面时，都会出现一个面及三维坐标轴，拖动坐标轴，即可对模型进行剖分，如图 6-18 所示。

剖分时除了简单地平移坐标轴，还可以通过旋转的功能，对坐标轴进行转动，以达到斜切的效果。在剖分的过程中，可以将当前的视图状态通过【视点】功能栏下的【保存视点】，保存为一个视点；一系列的剖分视点就可以形成剖分动画，如图 6-19 所示。

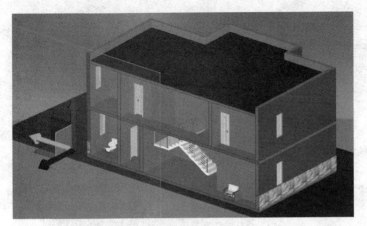

图 6-18　剖分模型

图 6-19　视点形成的剖分动画

右键剖分动画，选择"添加动画"会弹出【编辑动画】的对话框，设置动画时间后单击【确定】按钮即可完成动画的制作，如图 6-20 所示。

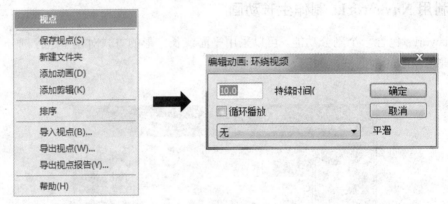

图 6-20　创建剖分动画

生长动画制作是剖分动画的一部分。利用剖分工具的顶面功能，从建筑物底部开始剖分，逐渐将顶面上移直至露出整个建筑物，在此过程中保存多个视点，将这一系列的视点添加为动画即完成了生长动画的制作。在创建视点的过程中，还可以适当旋转当前视图，形成全方位观察建筑物生长的效果。

6.4.4　利用 Navisworks 进行碰撞检测

Navisworks 中包含"Clash Detective"的功能，这是用于碰撞检测的。碰撞检查是检查两个项目之间的碰撞，通常一个是土建模型，一个是机电模型。单击【Clash Detective】功能后，弹出如图 6-21 所示的界面。

设置界面上部为检测结果的列表，在未进行检测前就是空白状态，下部可以设置检测的内容和检测的设置，如图 6-22 所示。

碰撞设置完成后，单击【运行测试】按钮即可。测试完成后，列表中就会出现各个碰撞点，双击就可以打开碰撞点位置，如图 6-23 所示。

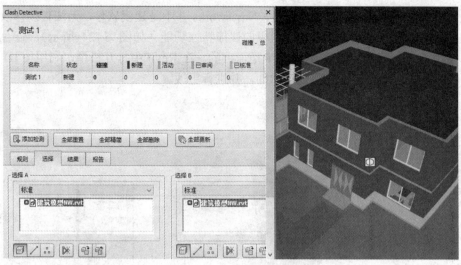

图 6-21 【Clash Detective】界面

图 6-22 碰撞设置

发生碰撞说明需要修正模型。但是，Navisworks 并不是建模软件，无法直接修改。此时可以单击发生碰撞的构件，通过功能栏中的快捷特性功能（如图 6-24 所示），查看该构件的图元 ID。这个图元 ID 与 Revit 模型中是一致的。在 Revit 中打开模型，利用按 ID 查询的功能，就可以快速地在模型中找到该构件，并进行更改。

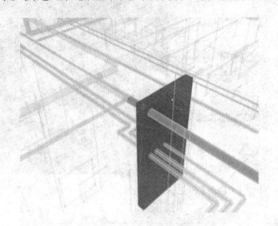

图 6-23　查看碰撞点　　　　图 6-24　快捷特性功能

以上就是 Navisworks 一些初步的应用功能，当然还有其他更多的应用功能；在掌握了上述基本的操作后，可以做更深入的研究，本书不再拓展。

▶ 习　题

1. 完成一个项目的日光设置和应用，并导出相应成果文件。
2. 完成一个项目渲染，并导出相应图像文件。
3. 完成一个项目的漫游动画，并导出其动画视频文件。
4. 在 Navisworks 中完成一个模型的碰撞检查，并导出碰撞检查文件。

第7章

BIM 技术在施工过程管理平台的应用

BIM 技术近年来发展迅速，各行业也在积极探索开发覆盖设计、施工和运维全生命周期的应用。从整体来看，截至目前，BIM 技术的发展经历了 1.0、2.0、3.0 三个阶段。

在 BIM1.0 阶段，主要是采用模型模拟表达工程建造的过程，完成工程信息数据共享。这个阶段主要是 BIM 建模技术的应用，可以实现精细化建模、碰撞检查、施工模拟、可视化交底及结构深化设计等功能。

在 BIM2.0 阶段，主要是基于模型技术指导建造过程，使得工程信息数据贯通业务流。这个阶段，关注的是三维 BIM 模型如何能够在实际建造的环节产生价值，指导施工过程中的进度、安全、质量、造价、合同及劳务等业务环节，节省施工管理成本，提升施工效率。

在 BIM3.0 阶段，主要是利用模型技术指导建造过程，实现工程信息智能化分析，探索基于 BIM 技术的智能建造、人工智能、大数据分析等技术在工程领域具体落地，实现智能化建造的目标。

7.1 施工过程管理平台的应用

随着 BIM 技术的不断发展与普及，采用 BIM 技术的工程项目日益增多。为了能够统一跟踪、管控工程项目，实现工程信息数据贯通整个施工过程中的业务流，并为项目提供相关的科学决策，许多企业都选择建立 BIM 施工过程管理平台。

要建立 BIM 施工过程管理平台，其中涉及的关键技术包括 BIM 模型轻量化技术、模型管理方法。在民用建筑、桥梁、隧道、市政、核电、水厂、电厂等整个土木工程行业都在积极推进 BIM 技术的应用和落地，虽然根据实施项目的行业和特点，不同行业有不同的应用标准，但所建平台基本模块通常都包含计划管理、进度管理、质量管理、安全管理、造价管理、文档管理、施工日志、物料管理、人员管理、监控管理等，即围绕工程包含的"人、机、料、法、环"动态信息进行管理。

BIM 施工管理平台一般是基于云服务和 BIM 模型的项目信息化协同管理平台。平台为项目各参建方的沟通搭建桥梁，使各参建方可以在线协同办公，确保信息传导及时、通畅。主要应用目标如下。

（1）通过移动端，满足现场随时查看使用 BIM 模型，进行三维协同交流。

（2）通过 BIM+物联网技术精细化跟踪管控本项目构件（如钢结构构件、PC 预制构件、机电设备等）从生产、运输、安装直至验收完成的全过程状态。

（3）结合实际的施工进度，在平台中通过给构件渲染不同颜色的方式来实时反映物料构件的施工状态，实现进度管控。

（4）实现施工资料的集中管理。将施工资料与模型进行关联，便于查询和调取。

（5）优化原有的线下审批工作模式，提高现场问题整改单、设计变更单等表单审批效率。

（6）实现质量和安全问题协同管控。可将项目现场各类问题随时记录到平台中，便于过程中对项目进行质量和安全管控，并可对相关问题进行追溯。

（7）通过 4D 进度计划分析，对比实际进度与计划进度的差异，制订切实可行的解决方案。

项目施工是个复杂的过程，以上几点只是目前行业比较关注的。要想在一个平台内实现对所有环节进行透明、实时、高效、经济的管理，还需要技术的不断积累和完善。

7.1.1 应用组织架构及职责

鉴于项目施工阶段的共性需求及应用目标，应用平台的主要参与方包括建设单位、BIM 咨询单位、设计单位、监理单位、总包单位、分包单位、材料供应商等，各单位之间信息化运行关系如图 7-1 所示。

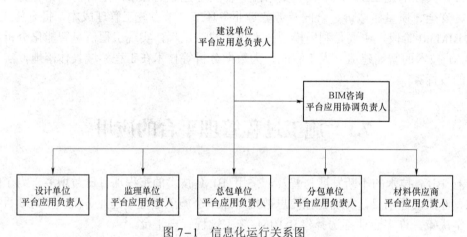

图 7-1　信息化运行关系图

应用平台各主要参与方职责如表 7-1 所示。

表 7-1　应用平台各主要参与方职责

参与方	工作职责
建设单位	①确定项目基于 BIM 技术的协同平台应用目标； ②组织确定本项目基于 BIM 技术的协同平台应用整体思路； ③基于 BIM 技术的协同平台应用的管理监督； ④整体 BIM 协同平台应用协调与沟通； ⑤BIM 协同平台应用物资审批； ⑥BIM 协同平台应用考核情况审批和奖罚
BIM 咨询单位	①熟悉 BIM 协同平台功能基本操作及功能模块应用流程； ②组织培训参与方及部门平台使用人员学习 BIM 协同软件； ③监督和督促所在单位及部门平台使用人员完成 BIM 协同平台信息采集及更新工作； ④统计所在单位及部门平台使用人员的考核指标完成情况； ⑤收集、归纳、整理 BIM 协同平台在项目使用过程中出现的 Bug、优化、需求等问题，并上报至软件服务供应商

续表

参与方	工作职责
设计单位	①根据设计图纸，创建设计阶段 BIM 模型，负责上传和维护 BIM 模型至 BIM 协同平台，并对模型的有效性负责； ②为本项目 BIM 协同平台使用创造条件； ③组织本项目 BIM 协同平台培训工作； ④监督和督促各部门、各基层单位完成相应的信息采集及更新
监理单位	①协助建设单位平台管理工作； ②收集现场第一手数据、信息，落实各部门在平台上所提出的问题并上传整改情况； ③使用 BIM 协同软件采集现场进度、质量、安全等信息 ④平台内办理相关监理文件
总包单位	①协助建设单位平台管理工作； ②收集现场第一手数据、信息，落实各部门在平台上所提出的问题并上传整改情况； ③上传现场总进度计划、月进度计划、周进度计划至 BIM 协同平台，将进度计划与模型按施工工艺及流水端划分进行关联，并对进度计划的时效性负责； ④每日使用 BIM 协同软件采集现场进度信息，每周更新总、月、周进度计划，依据 4D 进度模拟情况针对滞后区域制定相应对策
分包单位	①协助建设单位平台管理工作； ②收集现场第一手数据、信息，落实各部门在平台上所提出的问题并上传整改情况； ③上传现场进度计划、月进度计划、周进度计划至 BIM 协同平台，将进度计划与模型按施工工艺及流水端划分进行关联，并对进度计划的时效性负责； ④每日使用 BIM 协同软件采集现场进度信息，每周更新总、月、周进度计划，依据 4D 进度模拟情况针对滞后区域制定相应对策
材料供应商	①上传材料供应生产计划，并对生产计划的时效性负责； ②回复并解决现场第一手数据、信息，落实各部门在平台上所提出的材料质量问题并上传整改情况； ③每日使用 BIM 协同软件采集加工厂材料生产进度、运输信息

7.1.2　企业级管理平台与项目级管理平台

　　BIM 施工管理平台，可以作为现场数据的汇集节点及现场各类子系统的上级系统；同时，在智慧工地应用方面，平台还可以接入工地各种在线监测项目信息，如危大施工设备、吊塔、高支模、基坑等，实现监测的可视化、智慧化、集约化管理。

　　在传统的工程领域，工地和集团两级管理的需求是不同的。基于互联网和云计算技术，将项目级别平台与企业总部平台相连接，把单个工地的相关数据上传汇总至集团平台中，使集团能够实时掌握每个工地的工程状态及整个集团的项目状态，可以极大提升项目的管理效率。

　　企业级管理平台涵盖了每个工地计划、进度、质量、安全、材料、财务等各方面数据，全方面展示了整个企业项目的运行情况，如图 7-2 所示。

　　项目级管理平台通常提供企业数据汇总展示入口，包括企业项目分布地图、企业项目分类情况、分公司项目应用、各类项目运营数据等；同时，还提供了企业视角的数据统计、项目整体模型展示、项目效果图动态展示、项目计划、项目进度、项目施工问题等各类数据汇总统计信息等，如图 7-3 所示。

　　无论是企业级平台，还是项目级管理平台，均可以根据项目参与方的专业、单位、层级人员等对所有功能业务（如 BIM 模型、文档、表单、物料跟踪、任务、问题、检查、公告、联系单等）设置不同的权限状态，实现项目数据分权限管理。

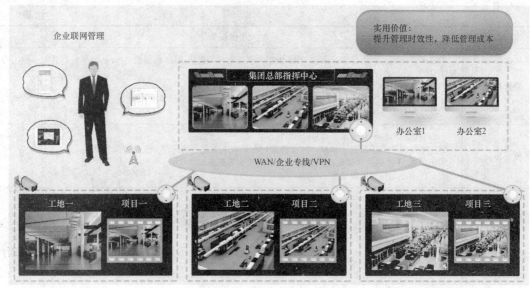

图 7-2　企业级管理平台

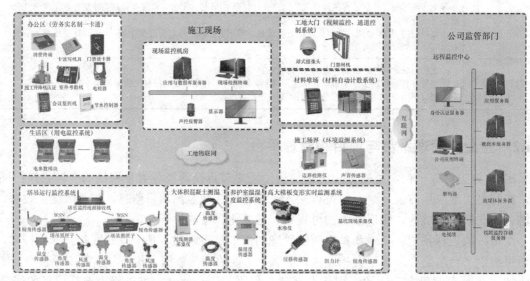

图 7-3　项目级管理平台

7.2　BIM 在施工过程管理平台中的应用案例

下面以实际的 BIM 施工平台为例，说明目前施工管理平台的几个主要应用点，以及应用点的相关问题与解决思路。

7.2.1　BIM 模型轻量化

通常经过专业建模工具建立的模型，体量都比较大，且相关浏览、查看等操作也离不开专业工具的支持。为了适应施工现场对于模型的应用要求，需要脱离原来专业工具限制，寻找更为方便的方式来实现对模型的浏览查看。

随着互联网技术（特别是移动互联网技术）的发展，3G/4G/5G 提供了越来越快、越来越便捷的网络接入方式；同时，基于浏览器的 B/S（Browser/Server）架构因其无须安装额外客户端，只要有网络就能用的特点在当今变得越来越流行。目前大部分 BIM 平台采用了 B/S 架构，为了更好地支持在浏览器中浏览和应用模型，首先需要将模型进行技术处理。

模型轻量化，是指利用参数化和引用共享的方式对几何信息进行表达来达到减小模型所占存储空间的一种压缩技术。能够提供轻量化处理相关技术的程序一般称之为轻量化引擎。不同类型的模型压缩比有所不同，可以通过模型精细度来调整压缩比的大小：越精细，压缩比越小，模型所占空间越大；反之亦然。不同引擎，所采用的算法一般不同，所以轻量化的程度也不同。通常根据文件格式和内部构件类型，一般模型可压缩至原始大小的 5%～30%，甚至更高比例。

经过轻量化处理后的模型具有独立性，可以单独显示，也可以将多个模型进行合并显示，或者按照区域、专业、楼层等分类显示。如果是多模型合并显示，合并是按照建模软件设计的对齐点（绝对坐标点）进行整合的。

经过轻量化处理的模型，可以上传到 BIM 平台中进行后续应用，其处理流程通常如图 7-4 所示。

图 7-4　模型轻量化处理流程

市面上常见的轻量化引擎已经具备成熟插件技术，支持对 Revit、Navisworks、MicroStation 等建模软件建出的模型进行轻量化处理，支持 IFC、rvt、rfa、dwg、dgn、stp、iges 等多种常见格式轻量化、在线合并、浏览、操作等。

7.2.2　模型浏览与操作

经过了轻量化处理的模型，上传到 BIM 平台后即可以实现模型的在线浏览及剖切、量测等基础操作；能够在平台中实现这些操作，也就为后续开展基于 BIM 模型的其他应用打下了基础。图 7-5 展示了在平台中模型的剖切和信息查看操作。

图 7-5　模型剖切和信息查看操作

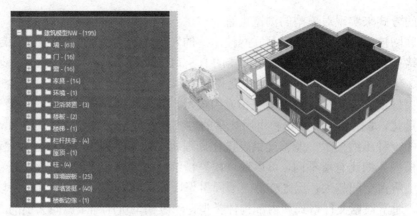

图 7-5　模型剖切和信息查看操作（续）

7.2.3　数据大屏

在一个项目的执行过程中，会涉及方方面面的海量数据。为了统筹管理项目，利用物联网和互联网技术将项目数据汇集，可以通过数据大屏及时反映项目当前的实时情况，为项目管理人员决策提供实时便捷的数据支撑。

如图 7-6 所示，该图为某 220 kV 变电站施工管理平台数据大屏。通过该数据大屏，不仅可以掌握施工现场的气象信息，还可以直观看到土建和电气施工的总进度及分项进度，以及现场整个变电站施工的可视化进度。对于现场质量和安全检查中存在的问题也可以实时反馈到项目平台里来，让每一个问题和细节都得到全流程的管控。当然，每个项目所关心的数据因项目而异，但数据大屏提供了整体管控的途径。

图 7-6　某 220 kV 变电站施工管理平台数据大屏

7.2.4　个人仪表盘

在施工现场的所有人员，每天都有诸多事情需要安排和处理。为了更好服务现场施工人员，个人仪表盘会汇集平台上所有需要当前用户关心和处理的事项。通过该界面，用户可一站式管理所涉及的业务并可通过快速入口直达所需处理的事项，提高办事效率。如图 7-7 所示为个人仪表盘的界面。

图 7-7　个人仪表盘界面

7.2.5　进度管理

BIM 协同管理平台的最大特点是协同性，业主方可利用平台对各参建单位的实施计划与进度进行监督和管理，各参建单位可利用平台进行工作的协调与交流。

制定计划时，里程碑计划通常采用"自顶向下分派，自底向上审核"的方式，日常施工计划则由相关单位和人员自行制定。各参建单位在平台中输入进度计划，由业主进行审核协调，最终形成工程的施工计划，可以用甘特图显示。因各单位之间的节点具备一定的关联性，所以任一单位的节点变化均可能影响其他单位。如果有影响，平台会提醒各单位对相应节点进行调节，以实现进度计划的协调管控。施工计划制定如图 7-8 所示。

图 7-8　施工计划制定

建筑信息模型（BIM）技术与应用

利用制定好的施工计划，BIM 平台可以进行施工模拟以提前发现问题，防止在实际施工时出现无法施工或延迟施工的情况。基于 BIM 的施工进度模拟界面如图 7-9 所示。

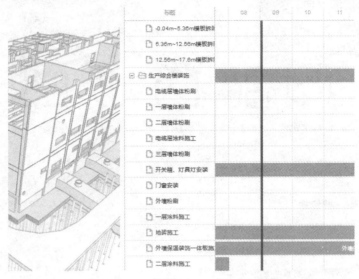

图 7-9　基于 BIM 的施工进度模拟界面

计划制定完成后，BIM 平台可自动实现辅助派发并全程追踪施工任务的完成情况，督促施工人员进行进度的填报与确认。因为 BIM 模型与施工计划和进度是关联的，所以平台可以通过模型来进行实时进度的可视化展示，也可以进行计划和进度的可视化对比。通过对计划和进度相关情况的掌握，项目管理人员可以检查时间节点与施工进度之间的状况是否匹配，进度计划设定是否合理，工序与工法能否顺利实施等。平台也可对项目总体工期的提前或滞后进行提示、分析与报告，形成相关数据报表，辅助管理人员进行量化分析，从而达到优化施工方案、提升施工效率的目的。图 7-10 为计划统计与分析页面。

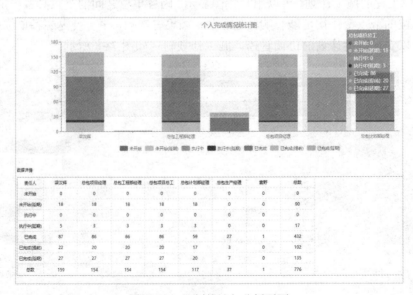

图 7-10　计划统计与分析页面

220

7.2.6　质量与安全管理

质量与安全是项目的核心，所以针对质量和安全的管理也是 BIM 平台建设的重中之重。以质量/安全巡检工作为例，利用平台来开展相关工作，通常可以包含以下几步。

（1）对于日常巡查所发现的安全问题，巡查人员使用文字、图片、语音、视频、附件、模型构件等形式对其进行精准描述和定位，再通过平台移动端进行上报，如图 7-11 所示。

（2）平台自动汇总所有上报的问题，然后形成整改单并分类派发给相关责任人员，如图 7-12 所示。

（3）责任人员收到整改单后，安排人员对现场问题进行整改并在整改完成后通过平台回复整改详情。

（4）复检人员在收到整改详情后进行现场验收，验收合格后将质量整改单进行评估，完成整改，问题关闭。如果仍不合格或有新问题产生，则再次上报平台，重复以上步骤直至问题得到解决关闭。图 7-13 展示了安全/质量巡检流程，图 7-14 展示了问题处理流程追踪。

图 7-11　安全检查上报页面

图 7-12　安全检查汇总界面

图 7-13　安全/质量巡检流程

图 7-14　问题处理流程追踪

7.2.7　物资管理

物资是施工生产中非常重要的部分，是工程的粮草。保证好物资的采购、运输和使用，可以为保质保量完成项目施工提供有效保障。BIM 平台可以依据计划的实施情况，提前自动提醒物资计划申报人员开始申报物资计划；结合相关生产数据，平台可辅助生成物资采购计划表并推送给相关负责人审核购买。

物资部门按照物资计划购置物资进场。对于施工材料（如钢筋、水泥、砂石等），施工人员可通过平台记录使用去向跟踪及日后溯源；对于大型预制件、钢结构部件等，可以通过标签技术（如 RFID、二维码等）将物资标记并与 BIM 平台内模型关联。物资部件从生产、运输，再到安装、维护等全流程均可实现追踪，相关人员可通过扫码方式查看或者更新相关部件的信息、位置、安装状态等，实现重点物资与重点部位精细化管控的目的。图 7-15 为二维码管理物资示例界面。

通过标签功能，项目参与人员可以方便地查询现场施工信息，提高现场管理效率，实现信息公开化，提升项目管理水平。通过自建物资标签库，可以进一步规范现场物资的管理和查询方式；利用标签实时记录各类物资进出场、生产、安装检验等信息，从而实现物资管理科学化、规范化、信息化。

图 7-15　二维码管理物资示例界面

7.2.8　造价管理

BIM 模型不仅包含空间与几何的信息，还包含目标建筑的材料、材质、规格、数量等信息，利用这些信息，可以实现项目主要工程量的辅助核算；同时，结合材料价格和相应的定额公式，可以实现材料造价的核算，减轻造价人员的工作量。另外，一般在支付工程进度款时，为了计算方便，大部分预算人员只是大概估计完成工作量且一般不考虑变化的因素，这很容易导致工程款超付现象，增加建设单位的资金成本和最终结算的难度。利用 BIM 平台，管理人员结合施工计划及 BIM 模型，根据计划的实际完成情况来核算进度工作量，支付进度款，实现精准支付。

7.2.9　人员管理

作为施工最主要的要素，人员管理是项目管理绕不过去的部分。通过采集施工人员的身份证和人脸数据，可以实现工地实名通道的建设，加强进出工地人员的控制，防止非施工人员进入现场干扰正常施工或者发生意外。通过人脸识别技术，可以自动实现上下班打卡考勤，实现重点控制区域进出控制及违规行为自动记录。针对重点工种或者特殊工种，可以通过平台管理特种证件并规范相关人员需通过相关施工培训考试才能持证合格上岗。

通过对相关人员数据进行采集及积累，平台可形成企业级用工数据库。在此基础上，企业利用这些数据进行分析，可以总结用工规律，为用工决策提供数据依据，还可以进一步建立用工评价体系，提高整体生产组织效率。图 7-16 为特种人员管理界面。

图 7-16　特种人员管理界面

7.2.10　文档管理

　　一个建设项目从前期规划设计到后期施工、交付及运维，参与单位非常多，涉及的数据涵盖各个方面。不同单位通常都需要通过业主单位作为中间环节来将图纸、报告、文档等数据信息传递给其他单位，这种方式很容易造成数据信息滞后，增加项目各方的沟通成本。如果能够通过 BIM 平台建立企业内部网盘，方便各参与方间共享资料，将可大大提升沟通的效率，文档共享功能如图 7-17 所示。

图 7-17　文档共享功能

　　除了成员间共享，BIM 平台还可以归档项目招投标阶段、施工阶段、交竣工验收阶段的全部资料。依据不同行业规范要求的交竣工资料目录，通过对资料实现动态管理，在规定的资料缺失情况下及时提醒项目相关人员补充，加快竣工验收资料移交进程。

　　同时，BIM 平台可将项目技术方案、工艺视频、作业指导书进行归类整理关联，形成技术指导资料多媒体库，实现技术交底的可视化、标准化。

最为主要的，以上所有资料均可以与 BIM 模型进行挂接，通过单击 BIM 模型相关构件即可实现该构件设计、施工、竣工、维保等全方位数据的一站式可视化查询和管理。

7.2.11　流程管控

在项目施工工程中，存在大量审批流程。平台可以利用表单、工作流引擎技术，将传统的线下办公转化为线上协同办公，既能解决相关流程需要拿着纸质文件"说破嘴，跑断腿"的情况，提高流程的流转效率及实现数据自动留痕，又能在需要时一键导出、打印符合企业或项目业务归档样式的纸质文件；同时还能对相关业务数据进行统计分析，轻松实现项目数据汇总、数据归档需求。

7.3　平台其他扩展应用

7.3.1　GIS+BIM

GIS 是在相关软硬件支持下，对地球空间的有关地理分布数据进行采集、存储、管理、描述、显示、计算和分析的系统。BIM 通常用于描述特定的微观单体建筑，GIS 则侧重于宏观地理信息。通过"BIM+GIS"，如图 7–18 所示，可以在城市规划、输变电线路架设、铁路/公路/隧道规划、市政管网设计等方面实现质量、效率、精度的有效提高。

图 7–18　BIM+GIS

7.3.2　物联网+BIM

BIM 包含数据和模型两个部分，它也是通过这两部分的有机结合来实现建筑的全生命周期应用的。物联网，顾名思义，是物物相连的网络，它提供了万物沟通的一个桥梁。无论是温湿度计、摄像头、激光扫描仪等传感仪器，还是吊车、无人机、卡车等机械设备，还是材料员、施工员、项目经理等工作人员，物联网均可以实现它们之间的信息集成、交互、展示和管理分析；同时，这个交流沟通的过程既可以跨越一个工地到另一个工地，甚至一个国家到另一个国家，又可以涵盖项目的设计阶段、施工阶段到竣工阶段、运维阶段，覆盖项目的全生命周期。所以，物联网与 BIM 的结合，实质上可以理解为对项目全方位、全生命周期信息的集成与融合，物联网承担了底层信息的感知与传递，而 BIM 则利用这些信息承担了交互管理的作用。

通过与现场监控视频结合，可以及时发现施工现场不带安全帽、安全带等不规范操作以及失火、跌倒等安全事件；通过布设相关的传感器，可以实现高支模、基坑、边坡等重点部位的全程监控，在发生险情时及时提醒现场作业人员撤离。图 7-19 为 BIM+传感器在线监测。通过 RFID、二维码等，可以实现重点机械设备的追踪与管理，实现预制构件全生命周期的流转动态管理。

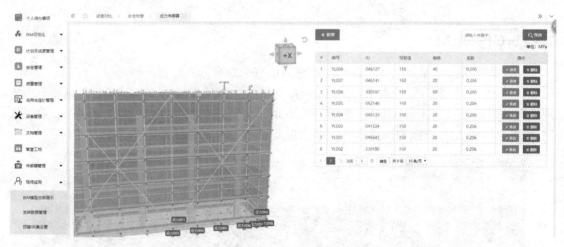

图 7-19　BIM+传感器在线监测

7.3.3　VR+BIM

VR（virtual reality，虚拟现实）是一种可以创建和体验虚拟世界的计算机仿真系统。它利用计算机生成一种模拟环境，是多源信息融合、交互式的三维动态视景和实体行为的系统仿真技术。BIM 模型本身是三维的，与 VR 技术结合，可以实现沉浸式全景漫游、场地规划、施工模拟、可视化交底、管线排布等多种功能。这种方式不仅可以使项目更加直观和容易理解，而且在设计协同方面也能够起到非常重要的促进作用。

7.3.4　倾斜摄影+BIM

倾斜摄影技术通过在同一飞行平台上搭载多台传感器，同时从一个垂直、四个倾斜等五个不同的角度采集影像，可以获取所拍摄目标顶面及侧面的高分辨率图像，高精度地反映拍摄目标颜色、纹理、大小等特征。通过与 BIM 结合，可以在短时间内快速完成大范围目标的建模，特别是在国土测绘、三维城市建模、市政模拟、资产管理、工程建设（如施工地表/山体监测、土方测量等）方面具有突出作用，可以克服传统三维建模在大目标应用场景下精度低、偏差大、还原度低、制作周期长以及需要大量人工参与的缺点。

习　题

1. 施工过程管理平台的作用是什么？
2. 协同管理的概念和功能主要有哪些？
3. 基于 BIM 的管理平台有哪些扩展功能？

参考文献

［1］孙仲健. BIM 技术应用：Revit 建模基础. 北京：清华大学出版社，2018.

［2］周基，张泓. BIM 技术应用：Revit 建模与工程应用. 武汉：武汉大学出版社，2017.

［3］赵伟卓，徐媛媛. BIM 技术应用教程：Revit Architecture 2016. 南京：东南大学出版社，2018.

［4］林标锋，卓海旋，陈凌杰. BIM 应用：Revit 建筑案例教程. 北京：北京大学出版社，2018.

［5］罗嘉祥，宋姗，田宏钧. Autodesk Revit 炼金术：Dynamo 基础实战教程. 上海：同济大学出版社，2017.